超級暴脹、黑洞物理、哈伯定律、大霹靂模型……
從微觀粒子到浩瀚星系，每一步都是對存在之謎的探求

宇宙編年史

時間、空間與存在的奧祕

張天蓉——著

COSMIC
CHRONICLE

以生動活潑的文風將複雜的宇宙物理問題簡化
透過日常生活比喻，讓宇宙奧祕變得親切美麗

宇宙到底有多大？宇宙長什麼樣子？宇宙來自何處？宇宙將來如何演變？

宇宙是否也有生有死、有開始有結束？牛頓描述的宇宙與現代的宇宙觀有何不同？

宇宙到底有限無限？無窮大的哲學觀點和數學思想使我們的宇宙觀產生了哪些悖論？

目錄

目錄

第六章
黑洞物理

第七章
哈伯定律

第八章
大霹靂模型

第九章
大霹靂的謎團和疑難

第十章
暴脹的宇宙

序

　　本書是一本難得一見的好書。敝人從事天體物理研究，對宇宙學也很感興趣，見到此書一氣讀完，真是愛不釋手。積極向讀者推薦該書，無論您從事何種工作，在百忙之中抽空閱讀此書，獲益匪淺。

　　我與作者是 1980 年代在美國德州大學奧斯汀分校相識的，她師從數學物理學家西西爾・德威特（Cécile DeWitt-Morette）教授攻讀博士學位，她與著名理論物理學家約翰・惠勒（John Wheeler）教授也經常來往，其理論物理基礎和數學能力引人注目，受到導師們的稱讚。

　　這是一本用生動有趣的語言、由淺入深地揭開宇宙之謎的進階科普讀物。宇宙學是最古老的學科，也是最現代的學科。現代宇宙學包括密切相關的兩個方面，即觀測宇宙學和物理宇宙學。前者側重於發現大尺度的觀測特徵，後者側重於研究宇宙的運動學、動力學和物理學以及建立宇宙模型。從物理的觀點來解釋宇宙，稱為物理宇宙學。宇宙之大讓人震撼，宇宙之美令人遐想，宇宙物理學提出一個又一個難解之謎。

　　宇宙學可以說已經有過好幾次革命：哥白尼（Nicolas Copernicus）的日心說第一次將人類的宇宙觀移到地球之外；哈伯（Edwin Hubble）透過大型望遠鏡的鏡頭確定了數不清的星系；而現代物理宇宙學讓人類思考和研究宇宙的演化與起源。

　　為了讓廣大讀者盡快步入浩瀚的宇宙，作者先用有限而簡練的篇幅介紹了天文觀測的豐富多彩的成果，由太陽系一直到河外星系，介紹與現代宇宙學密切相關的哈伯定律。

　　藉助於發現重力波的陣陣漣漪，走向宇宙學已經敞開的大門。作者

用通俗易懂的語言、深入淺出的例子，帶你輕鬆愉快地涉足於宇宙學最前沿。

對關心和熱愛宇宙學的讀者而言，閱讀本書是享受一次陶冶身心和精神的大餐！熱切地希望讀者能夠喜歡該書。

天文系教授

李宗偉

引言
宇宙深處泛漣漪 —— 從重力波談宇宙學

2016 年 2 月 11 日，星期四，上午 10 點 30 分，是一個在物理學界值得紀念的日子，美國的雷射干涉重力波天文臺（Laser Interferometer Gravitational wave Observatory，LIGO）與加州理工學院、麻省理工學院等各處的專家們，在華盛頓召開了新聞發布會，向全世界宣布於 2015 年 9 月 14 日首次直接探測到了重力波的消息[1]。普遍稱之為 GW150914 事件，全世界都為之振奮，天文界和物理界的專家們更是激動不已。

為什麼 GW150914 事件如此震動科學界？物理學家們對探測重力波期待已久，而這個事件中探測到的重力波就是來自宇宙深處的時空漣漪。我們說這個漣漪泛起於宇宙的極深、極遠處毫不誇張，因為它們發生於 13 億年前，來自於距離我們 13 億光年之遙的兩個「黑洞」的碰撞。

黑洞碰撞、時空漣漪、13 億年前……這些如夢幻、如詩歌一般的語言，突然轉化成 2016 年春天到來之前的第一聲驚雷。大概連天國裡的愛因斯坦也會止不住開懷大笑起來吧，沒想到啊，人類真的探測到了重力波。那是愛因斯坦在 100 年之前，建立了廣義相對論一年後的一個精彩預言！

天地廣闊，乾坤永恆；茫茫宇宙，萬物之謎，這些對人類好奇心的永恆誘惑，又何止讓人類探尋了 100 年！

不過，談到重力波和黑洞，倒是讓筆者回想起了 30 多年前在美國德州大學奧斯汀分校讀博士的日子。我當年博士論文的題目是有關重力波在黑洞附近的散射問題，著名物理學家、引力理論專家約翰·惠勒是我

的博士論文委員會成員之一。記得在當時的一次討論會上，有人提到何時能探測到重力波的問題時無人作聲，只有惠勒笑嘻嘻、信心滿滿地說了一句「快了」。我當時只知道推導數學公式，對探測重力波的實驗一無所知，但惠勒這句「快了」在腦海中卻記憶頗深，也從此關心起重力波是否真正存在，以及何時能探測到的問題。

1993 年，傳來了兩位美國科學家獲得諾貝爾物理學獎[2]的消息。他們便是因為研究雙星運動，即兩顆雙中子星相互圍繞著對方公轉，而間接證實了重力波的存在。筆者當時便立即想起了惠勒的話，心想：果然「快了」！

2000 年，聽說惠勒早年的一個學生，就是和惠勒一起合作《引力》（*Gravitation*）這本書的加州理工學院教授基普 · 索恩（Kip Thorne），幾年前啟動了一個叫 LIGO 的項目，專為探測重力波。1999 年 10 月的《今日物理》（*Physics Today*）有一篇文章是關於此項目，我看了之後，腦海裡又浮現出「快了」這句話。

2007 年，在加州偶然碰到一個原來一起在相對論中心學習的同學，他在某天文臺做天體物理研究。談及重力波，他也說「快了」，因為 LIGO 將在一年後再次更新，更新完成後就「快了」。

2014 年，又一次傳來探測到重力波的消息。

由於普通物體，甚至太陽系產生的重力波都難以探測，所以科學家們便把目光轉向浩渺的宇宙。宇宙中存在質量巨大又非常密集的天體，如黑矮星、中子星，或許還有夸克星等。超新星爆發、黑洞碰撞等事件將會產生強大的重力波。此外，在大霹靂初期的暴脹階段，也可能輻射強大的重力波。

2014 年有人提出哈佛大學設在南極的 BICEP2 望遠鏡探測到了重力

波，但這種「探測」指的並不是直接的接收，而是大霹靂初期暴脹階段發出的「原初重力波」在微波背景輻射圖上打上的「印記」。但是，後來證實這是一次誤導，是一次由塵埃物質造成的假「印記」[3]。據索恩所言，至少有一半的觀測訊號事實上是由星際塵埃導致的，而是不是完全由塵埃所致目前還不清楚。

直到 2016 年年初 LIGO 的發布會，才正式宣告人類真正接收到了重力波。當初惠勒的這句「快了」，兌現起來也至少花了 30 多年，愛因斯坦就更不用說，已經整整等待 100 年了！

探測到重力波對基礎物理學意義非凡，它再一次為廣義相對論的正確性提供了堅實的實驗依據。為天體物理和現代宇宙學研究，開啟了一扇大門，必將掀起相關領域的研究熱潮，或許會導致一場革命也說不定。

宇宙學是最古老的學科，也是最現代的學科。從物理的觀點來解釋宇宙，稱為物理宇宙學。物理宇宙學是一門年輕科學。從遠古時代開始，人類就對茫茫宇宙充滿了猜測和幻想：詩人和文學家們仰望神祕的天空，用詩歌和故事來表達抱負、抒發情懷；哲學家們哲思深邃、奇想不斷；科學家們卻要探索宇宙中暗藏的祕密。儘管人類的天文觀測歷史已經有幾千年，但是將我們這個浩瀚宏大、獨一無二的宇宙作為一個物理系統來研究，繼而形成了一門稱之為「宇宙學」的現代學科，卻只是近 100 年左右的事情。這股推動力來自理論和實驗兩個方面：愛因斯坦的廣義相對論和哈伯的天文觀測結果。

近年來，隨著科學技術的進步，物理宇宙學從神話猜想發展到理論模型，至今已經發展成為一門精準的實驗科學。由於現代天文觀測手段日新月異的發展，宇宙學進入了它的黃金年代，理論發展似乎已經難以

跟上大量觀測數據累積的速度，各種模型和猜想不斷湧現。並且，宇宙學中近十幾年來的一系列重大發現對現有物理基礎理論也提出了諸多挑戰，比如暗物質和暗能量的研究已經成為現代物理的重要課題。

近代宇宙學到底研究些什麼？有哪些具體的重要進展？這個領域的發展實在太快，廣大民眾可能還知之甚少，即使是在學術界，大多數人對近年來宇宙學的事件也只是知其然，而不知其所以然，並且對其（尤其是對大霹靂理論）存在著很多的困惑和誤解。有些人認為大霹靂是毫無證據的假說，天方奇譚，甚至將其稱為「西方宇宙學」。然而這不是事實，儘管我們無法直接驗證宇宙的「大霹靂」，也無法斷定它就一定是宇宙演化歷史的正確描述，但是由於有太空實驗衛星大量數據的支持，學界主流的大多數人已經承認和接受這個理論。作者作為一名科學工作者，有必要科普現代宇宙學的知識，讓廣大民眾正確認識大霹靂理論，了解其來龍去脈，以及其中存在的疑難問題。

東方人自古就有談天說地、思辨宇宙哲學問題的追求和習慣。宇宙到底有多大？宇宙長什麼樣子？宇宙來自何處？將來如何演變？宇宙是否也有生有死、有開始有結束？牛頓描述的宇宙與現代的宇宙觀有何不同？宇宙到底有限無限？無窮大的哲學觀點和數學思想使我們的宇宙觀產生了哪些悖論？這些問題都將在本書中進一步探討。

本書首先從太陽系開始，在第一章中介紹了行星、恆星、星系等基本的天體物理知識。第二章介紹牛頓的宇宙圖景。第三章介紹無窮的概念引起的數學和物理中的悖論，激發讀者對物理理論的哲學思考。第四章則用最少的篇幅讓讀者認識兩個相對論的基本思想。

第五章的目的是使讀者更深刻地理解 2016 年初探測到的重力波。作者從天文學中的距離測量談起，使讀者了解天文學中測量技術中的困

難。接著介紹重力波強度的微弱，進一步將它的各種性質與電磁波相比較，使大家了解到探測重力波的困難和重大意義。第六章則對黑洞的基本物理性質及分類進行探討。

第七章到第九章，將對現代宇宙學標準模型的基本原理、數學基礎、大霹靂理論、重要結論和疑難、暗物質和暗能量、宇宙的未來等有趣的問題略作探討。第十章簡單介紹作為標準模型補充的宇宙早期暴脹理論。

該書的讀者群定位於文理各個領域的大學生和研究生，對天文、數學、物理感興趣的國高中生，以及所有愛好科學、渴求了解宇宙歷史及本質的廣大群眾。具有高中數學能力的讀者，便可完全讀懂書中內容。書中保留了少量的公式和簡單推導，以便某些喜歡數學的讀者能從中獲益，能夠對物理內容得到更深刻的理解。一般讀者，則可跳過這些公式，不會影響閱讀。

書中也提到當今宇宙學標準模型存在的許多疑難，啟迪人們對宇宙問題的思考。物理學的天空從來就不是晴空萬裡，20 世紀初的兩朵烏雲掀起了經典物理的革命，從中誕生了相對論和量子論。如今，近代宇宙學天空中的重重疑雲和片片暗點又將帶給我們些什麼呢？人類期待著下一個愛因斯坦，期待著宇宙學及物理學的新一輪革命。

第一章

去宇宙逍遙

1. 從地球出發 ——

　　夜空中的滿天繁星，總能帶給人無限的遐想。閃爍星星的背後是什麼？這個世界從何而來、向何處去？外星人，或外星生命存在嗎？……深不可測的宇宙中似乎暗藏著無窮多的奧祕，這是對人類永恆的誘惑！無論古人還是今人，無論老耄或者年輕，只要你還保持著一顆天真好奇的心，你便會對地球之外的茫茫世界疑問不斷並且想要窮根究底。

　　古人仰望蒼穹，不明就裡，於是編出了一個又一個的神話故事來寄託他們的夢想和遐思。而我們生活在現代的文明社會，人類發展至今，已經累積了足夠多的天文數據。今天，我們就跟隨天文學家，做一個快速又簡潔的「宇宙漫遊夢」，去宇宙逍遙一下。

　　所謂「快速又簡潔的宇宙旅行」的意思是說，我們不會詳細介紹太陽系、銀河系以及相關的基本天文知識，想要更詳細了解這方面的讀者請閱讀參考文獻[4]。我們只是隨意瀏覽，挑幾個有趣的、特別的事例做簡單說明，主要目的是為了介紹和解釋天文學及宇宙學中一些必要的物理概念，為讀者理解今後的章節打下一定的基礎。

　　從地球出發後，最快能到達的星球當然是地球的衛星：月亮。孩子們最早的天文知識，一定是開始於白天的太陽和晚上的月亮。然後再進一步，才了解了其他一些常見的星星。古代中國人將離地球最近的肉眼可見的幾顆星星命名為「金星、木星、水星、火星、土星」，西方則大多數以羅馬神話中的諸神來稱呼它們。我們現在知道，天空中最亮的天體：太陽、月亮，還有其他和地球一樣繞著太陽轉圈的星星一起，組成

了「太陽系」大家庭。

在這個大家庭中，最重要的主角是太陽。太陽是一個會發光發熱的龐然大物，大到可以放下 100 萬個地球。它供給我們必不可少的賴以生存的能量。因為有了太陽，地球上才孕育出生命，低階生命才得以進化為高等智慧的人類，人類又發展了引以為傲的高科技及現代文明。然而，如果沒有太陽，或者太陽某一天突然停止發光發熱，地球上的這一切都將化為烏有。

地球在太陽系中的確小得可憐，不僅是相對於太陽而言，即使在八個兄弟姐妹中，地球也只是一個很不起眼的「小個子」，（圖 1-1-1（a））。不過，儘管大小不一，繞太陽轉圈的八大行星和諧共處，各行其「橢圓軌道」，各有其不同的「性情特色」。

水星離太陽最近，也許人們想像它最能探聽太陽的祕密，所以把它的英文名字「Mercury」取為神話中掌管情報的商業之神。水星並不是一個適合居住的地方，因為它的表面溫度白天可達 425℃，晚上冷到零下 175℃。在水星之外，離太陽第二近的是金星。她在黑暗的天空中非常搶眼，因而被稱為「美神」（Venus）。美神雖美，卻又太熱情，溫度總在 470℃ 以上，所以對我們人類而言，只能遙望，不宜親近。

接下來便是我們可愛的家園，這顆鬱鬱蔥蔥的綠色地球。這是唯一一個沒有用「神」來命名的太陽系行星，也是迄今為止我們唯一發現有智慧生物居住的地方。在地球之外是火星。不過火星並不「火熱」，溫度比地球還低，從零下 80℃ 到零下 5℃ 左右。火星表面大氣稀薄，土壤內富含鐵質類的氧化物，經常狂風四起，鋪天蓋地而來的紅褐色含鐵沙塵暴使它贏得了一個「戰神」（Mars）的英名。火星之外，是體積最大的木星。不過木星上並沒有木頭，而是一顆氣態加液態的行星，它內心炙

熱（溫度上達到萬攝氏度），外表冷漠（達到零下 110℃）。極大的溫差使得木星表面天氣惡劣，它是羅馬神話中的主神朱比特（Jupiter）。下一位土星兄弟，比木星稍小一點，也是氣態氫為主。據說因為它看起來呈土黃色，中國古人將它稱為「土」星。西方人似乎也認為它適宜耕種，用羅馬神話中的農業之神（Saturn）來命名它。它有兩個與眾不同之處：一是它特有的、引人注目的、使它顯得飄渺瀟灑的光環，那是由冰粒和塵埃構成的；另一個特點是「多子多孫」，它有 60 多顆衛星，其中的「土衛六」（Titan），是由荷蘭物理學家惠更斯（Christiaan Huygens）在 1655 年發現的。土衛六擁有濃厚的大氣層，被懷疑有可能存在生命體，曾引起研究者們極大的興趣。

從土星再往太陽系的外圍走，下一個是天王星（Uranus），這個名字來自於羅馬神話和希臘神話中共同的「天空之神」。天王星離地球較遠，但用肉眼仍然依稀可見。

1820 年，法國天文學家布瓦爾（Alexis Bouvard）根據牛頓萬有引力定律計算天王星的運動軌道，發現算出的軌道與觀測結果極不相符。科學家們對此提出各種猜測，被大多數人接受的假設是認為天王星軌道之外可能存在另一顆行星，它的引力作用使天王星的軌道運動受到干擾，也就是天文學上所謂的「攝動」作用。20 多年之後，英國的亞當斯（John Adams）和法國的勒威耶（Urbain Le Verrier）兩位年輕人，分別獨立地用天王星運動的偏差猜想攝動的大小，從而推算出未知行星的質量和軌道位置。1846 年 9 月，柏林天文臺的天文學家果然在預期位置附近發現了這顆新行星，並以羅馬神話中的海神尼普頓（Neptunus）為其命名，中文翻譯為海王星。海王星距離太陽最遠，表面溫度低達零下 203℃。是太陽系中最冷的地區之一。

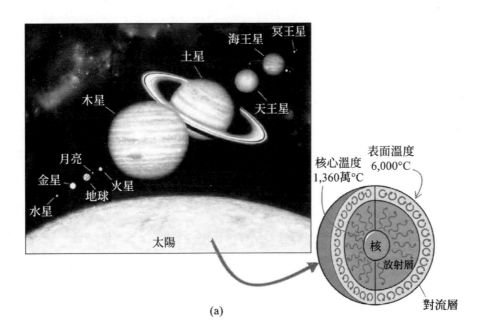

(a)

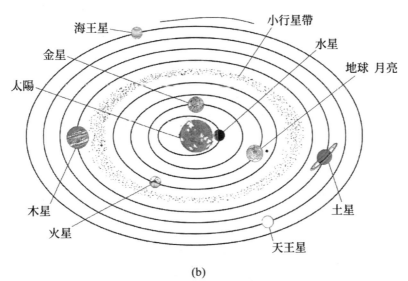

(b)

圖 1-1-1 太陽系

（a）太陽系和太陽內部的熱核反應；（b）太陽系大家庭

海王星的發現，證實了牛頓定律的正確，展現了科學預言的無比威力。從此之後，天文學家在人們心目中，似乎變成了一群破解宇宙之謎的「大師」，能追捕未知星球的「偵探」。事實也的確如此，天文學家後來又根據對海王星的觀察推測有其他行星攝動海王星的軌道，從而進一步發現了以地獄之神（Pluto）命名的冥王星。不過，因為後來又有許多類似的矮行星及其他小天體陸續被發現，冥王星於 2006 年被取消了太陽系行星的資格，我們的大家庭最後留下「八大行星」。

雖然在大家庭中，月亮是地球最親近的「伴侶」，但月亮對地球總是「羞答答」、「猶抱琵琶半遮面」，永遠只是用它的正面對著地球。直到 1959 年，蘇聯的「月球 3 號」太空船才拍攝到了月球背面的第一張影像。能產生這種現象，是因為月亮的自轉速度和繞地公轉速度一致。這種一致性平衡了星體「腹背」所受到的不同重力。這種因為作用於物體不同部位的重力不同，而在物體內部產生的應力被稱為潮汐力。實際上，月亮這個屬性並不是太陽系中獨一無二的。許多衛星的「面孔」方向，都符合這種「潮汐鎖定」現象，即只用一面對著它的「主人」，以使得內部應力最小。這似乎又一次證實了大自然造物按照某種「極值」規律！

潮汐力這類引力效應，以後還會碰到，因而在此略作介紹。潮汐力這個詞來源於地球上海洋的潮起潮落，但後來在廣義相對論中，人們將由於引力不均勻而造成的現象都統稱為潮汐力。我們所熟知的地球表面海洋的潮汐現象，是因為月亮對地球的引力不均勻而形成的，見圖 1-1-2（a）。人站在地球上，地球施加在我們頭頂的力比施加在雙腳的力要小一些（圖 1-1-2（b）），這個差別使得在我們身體內部產生一種「拉長」的效應。但因為我們個人的身體尺寸，相較地球來說太小了，我們感覺不

到重力在身體不同部位產生的微小差異。然而,在某些大質量天體,如黑洞附近,就必須考慮到這點了。這種差異會產生明顯的效應,甚至可以將人體撕裂毀滅,見圖 1-1-2(c)。

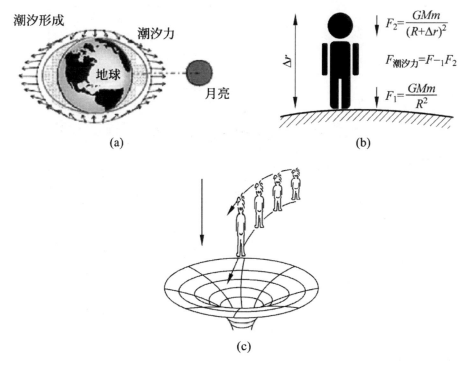

圖 1-1-2 潮汐力

(a)月亮對地球引力不均勻形成潮汐力;(b)地球的引力形成潮汐力;(c)黑洞附近的潮汐力

　　月亮離地球說近也不近。與太陽系大家庭比起來,它們倆非常親近,但相較月亮和地球的體積大小而言,中間似乎空蕩蕩的什麼也沒有。要知道月地距離是 38 萬 km,地球半徑不過 6,000km,因而,地球直徑大約只是月地距離的 1/30,如圖 1-1-3 所示,你可能沒有想到,太陽系的七大行星可以被排成一排,完全「塞進」地球和月亮之間,還仍

然有剩餘空間。不過，還好我們的七大行星從未擠到地球和月亮之間，
如果發生那種情形，將會引起一場大災難！

圖 1-1-3 七大行星可以被「塞進」地球和月亮之間

　　物理學家最感興趣的大家庭成員是作為主人的太陽。太陽的形狀幾
乎是一個理想的球體，中間是核心，然後是輻射帶，最外層是對流帶
（圖 1-1-1（a）中的示意圖）。太陽內部及表面發生的熱核反應與我們地
球上人類的生存息息相關。太陽是被我們稱為「恆星」的那一類星體。
恆星有它的生命週期，它的「生死」決定了大家庭成員們的生死，不可
小覷。

2. 太陽的生命週期 ——

　　從天文觀測的角度看，恆星是會發光的天體，而行星只是反射或折射恆星發出的光線而已。恆星發光的原因是因為它內部的熱核反應。大家熟知的核反應例子是世界上各個大國掌握的核武器：原子彈和氫彈。前者的物理過程叫做「核分裂」，後者則叫做「核融合」。核分裂指的是一個大質量的原子核（例如鈾）分裂成兩個較小的原子核；核融合則是由較輕的原子核（例如氫）合成為一個較重的原子核，比如說氫彈就是使得氫在一定條件下合成中子和氦。無論是分裂還是融合，原子核的質量都發生了變化。愛因斯坦的狹義相對論認為質量和能量是同一屬性的不同表現，它們可以互相轉換。核反應中有一部分靜止質量轉化成巨大的能量，並被釋放出來，這就是為什麼核武器會具有巨大殺傷力的原因。太陽內部所發生的，便是與氫彈原理相同的核融合。

　　核融合發生條件很苛刻，需要超高溫和超高壓。想在地球上人為地製造這種條件不是那麼容易，但在太陽的核心區域中卻天然地提供了這一切。那裡的物質密度很高，大約是水密度的 150 倍，溫度接近 1,500 萬°C。因此，在太陽核心處進行著大量的核融合反應，如圖 1-2-1（a）所示。

　　太陽內部的核反應會產生攜帶著大量能量的伽馬射線，也就是光子，同時也產生另外一種叫做微中子的基本粒子。因而，在我們的宇宙中，不僅飛舞著各種頻率的光子（電磁波），也飛舞著大量的微中子！微中子字面上的意思是「中性不帶電的微小粒子」，是 1930 年代才發現的

一種基本粒子。微中子有許多有趣的特性，留待人們去認識和研究。比如說，科學家們原先認為微中子和光子一樣沒有靜止質量，但現在已經認定它其實有一個很小的靜止質量。

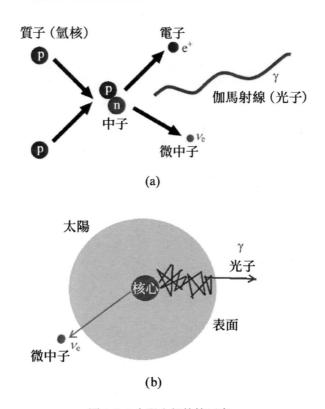

圖 1-2-1 太陽內部的核反應
（a）熱核反應產生伽馬射線（光子）和微中子；（b）微中子的直接輻射和光子的迂迴路線

太陽核心的半徑只有整個半徑的 1/5~1/4。核心之外的輻射區中充滿了電子、質子等基本粒子。當光子和微中子在太陽內部產生出來後，它們的旅途經歷完全不一樣。光子是個「外交家」，與諸多基本粒子都有「來往」，它們一出太陽核心區，旅行不到幾個微米便會被核心外的等離子體中的基本粒子吸收，或從原來高能量的伽馬射線轉化成能量更低的

光子，並散射向四面八方。說起來讓人難以相信，一個光子反反覆覆地經過曲折迂迴的路線之後，平均來說，要經過上萬年到十幾萬年的時間[5]，才能從太陽核心到達太陽表面，繼而再飛向宇宙，照耀太陽系，促成地球上的「萬物生長」。當光子來到太陽表面時，已經不僅僅是伽馬射線，而是變成了很多波段的電磁波。太陽表面的溫度相對於核心處 1,500 萬°C的高溫而言，也已大大降低，只有 6,000°C左右。

微中子則大不相同，見圖 1-2-1（b），它不怎麼和其他的物質相互作用。因而，它在被核融合產生出來之後，2 秒左右便旅行到了太陽表面，從太陽表面逃逸到太空中去了。因此，非常有趣的是，當我們在地球上同時接收到從太陽輻射來的光子和微中子時，它們的年齡可是相差很大的：微中子是個太陽核心的「新生兒」，光子卻是多少萬年之前核融合的「骨灰級」產物了。

無論如何，太陽系大家庭的能量來源是太陽核心的核反應。每 1 秒融合反應都會將超過 400 萬公噸的物質（靜止質量）轉化成能量。如此一來，科學家們不由得擔心起來：

太陽以如此驚人的速度「燃燒」，還能夠燒多久呢？

像太陽這類恆星的生命週期和演變過程取決於它最初的質量。大多數恆星的壽命在 10 億歲到 100 億歲之間。粗略一想，你可能會認為質量越大的恆星就可以燃燒更久，便意味著壽命更長。但事實卻相反：質量越大壽命反而越短，質量小的卻會細水長流，壽命反而更長。比如說一個質量為太陽 60 倍的恆星，壽命只有約 300 萬年；

而質量是太陽一半的恆星，預期的壽命可達幾百億年，比現在宇宙的年齡還大。

就我們的太陽而言，其生命週期可參考圖 1-2-2。

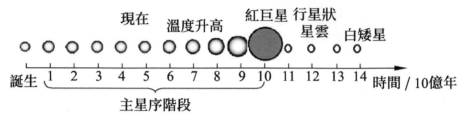

圖 1-2-2 太陽的生命週期

由圖 1-2-2 可見，太陽是在大約 45.7 億年前誕生的，目前「正值中年」。太陽在 45 億年之前，是一團因引力而塌縮的氫分子雲。科學家們使用「放射性定年法」得到太陽中最古老的物質是 45.67 億歲，這點與估算的太陽年齡相符合。

恆星的年齡與恆星的質量有關，其原因是因為「重力」（引力）在恆星演化中有著重要作用。描寫重力作用的理論有牛頓的萬有引力定律和愛因斯坦的廣義相對論。這兩個理論被應用在重力較弱的範圍時，結果是一致的；但對於強重力場，或者是宇宙大尺度現象時，必須使用廣義相對論，才能得出正確的結論。

世界的萬物之間都存在重力，重力使得兩個質量互相吸引。在一個系統中，如果沒有別的足夠大的斥力來平衡這種重力的話，所有的物質便會因為重力吸引而越來越靠近，越來越緊密地聚集在一起。而且，這種過程進行得快速而猛烈，該現象被稱為「重力塌縮」。在通常可見的物體中，物質結構是穩定的，並不發生重力塌縮，那是因為原子中的電磁力起到了平衡的作用。

恆星在形成和演化過程中也存在重力塌縮。所有恆星都是從由氣體塵埃組成的分子雲塌縮中誕生的，隨之凝聚成一團被稱為原恆星的高熱旋轉氣體。這一過程也經常被稱作重力凝聚，凝聚成了原恆星之後，其發展過程則取決於原恆星的初始質量。因為太陽是科學家們最熟悉的恆

星，所以在討論恆星的質量時，一般習慣將太陽的質量看成是 1，也就是用太陽的質量作為質量單位。

質量大於太陽質量 1/10 的恆星，自身重力引起的塌縮將使得星體核心的溫度最終超過 1,000 萬℃，由此啟動質子鏈的融合反應，即由氫融合成氦，再合成氦，同時有大量能量從核心向外輻射。

當星體內部輻射壓力逐漸增加，並與物質間的重力達成平衡之後，恆星便不再繼續塌縮，進入穩定的「主序星」狀態。太陽現在便是處於這個階段，如圖 1-2-2 所示。太陽的主序星階段很長，有 100 億年左右。截至目前，太陽的生命剛走了一半，所以人類還可以穩當地繼續生活 50 多億年，大可不必焦慮。

質量太小（小於 0.08 個太陽質量）的原恆星，核心溫度不夠高，啟動不了氫核融合，就無法成為恆星。不過如果能進行氘核融合的話，便可形成棕矮星（或稱褐矮星，看起來的顏色在紅棕色之間）。如果連棕矮星的資格也夠不上，便只有被淘汰的命運，無法自立門戶，最終只能繞著別人轉，變成一顆行星。

不過，恆星核心內部的氫，即熱核反應的燃料，終有被消耗殆盡的那一天。對太陽而言，從現在開始，溫度將會慢慢升高。當太陽到達 100 億歲左右，它內部的氫被燒完了，但是內部的溫度仍然很高，於是開始燒外層的氦。此時太陽會突然膨脹起來，體積增大很多倍，形成紅巨星。那時候，地球的災難就會來臨，它將和太陽系的其他幾個內層行星一起，被太陽吞掉。不過，那已經是 50 億年之後的事，也許那時人類的科學技術已經發展到很高的程度，人類早已搬離太陽系，去到一個安全的地方。

太陽最後的結局是白矮星，或者再到黑矮星。這裡我們用「矮」字

來表示那種體積小但質量大的天體。天文學中有五類小矮子：黃矮星、紅矮星、白矮星、棕矮星、黑矮星。不過，天體物理中，人們最感興趣的是白矮星。

人類對恆星的研究始於太陽，但不止於太陽。尤其是，恆星的生命週期長達數十至數百億年，它們的進化過程緩慢。我們看到的太陽天天如此、年年如此，好像世世代代都如此，如果僅僅從太陽這一個恆星的觀測數據，很難驗證圖 1-2-2 中對太陽生命週期（大約 140 億年）的描述。人的一生中無法觀察到太陽的誕生過程，也無法看到它變成紅巨星和白矮星時候的模樣。任何人所能看到的，只不過是太陽生命過程中極其微小的時段。

科學家總能夠找到解決問題的辦法。宇宙中除了太陽之外，還有許多各式各樣的恆星，有的與太陽十分相似，有的則迥然不同。它們分別處於生命的不同時期，有的還是剛剛誕生的「嬰兒」恆星；有的正在熊熊燃燒自己的生命之火，已經到了青年、中年或壯年；也有短暫但發出強光的紅巨星和超新星；還有一些已經走到生命盡頭的「老耄之輩」，變成了一顆「暗星」，這其中包括白矮星和中子星，或許還有從未觀察到的「夸克星」。此外還有黑洞，它們是質量較大的恆星最後的歸宿，可比喻為恆星老死後的屍體或遺跡。觀測和研究這些形形色色的處於不同生命階段的恆星，能給予我們豐富的實驗數據，不但能歸納得到太陽的演化過程，還可用以研究其他星體、星系，以及宇宙的演化。

3. 群星燦爛也不燦爛 ——

　　人們喜歡說「群星燦爛」。但在真實的宇宙裡，星星中有燦爛的，也有不燦爛的。在肉眼可見的星星中，行星自己不發光。恆星的生命歷程非常漫長，從熊熊燃燒之火，最後變為宇宙中的暗星天體。暗天體不發光，或者只發出很少的光亮，默默地待在黑暗之中，但它們仍然用自己強大的引力發揮最後的威力。

　　越不燦爛的星星，越能激發人們的好奇心。所以，我們的故事就首先從最「暗」的天體 —— 黑洞講起。

　　有關黑洞的探討，可以追溯到 200 多年前的經典力學時代。當時的科學家，比如拉普拉斯（Pierre-Simon, marquis de Laplace），把此類天體叫做「暗星」，見圖 1-3-1（a）。事實上，首先提出暗星概念的是英國人約翰·米歇爾（John Michell）。他是一位地質學家，卻對天文學很感興趣。他使用牛頓力學定律計算質量 m 的運動物體相對於某個質量 M 的星球的逃逸速度 v_e，得到如下公式：$v_e^2 = 2G(M+m)/r$，這裡 G 是萬有引力常數，r 是星球的半徑。如果運動物體的質量 m 很小，可以忽略不計時，逃逸速度與星體質量有關：$v_e = \sqrt{2GM/r}$。

　　這裡的逃逸速度指的是能夠逃出這個天體引力吸引的最小速度。我們在地球上拋石頭，丟擲石頭的速度越快，便能將它拋得越遠。如圖 1-3-1（a）所示，想像有一個大力士，能夠給予石頭很大的速度，以至於讓石頭飛向宇宙空間。有的石頭可能會繞著地球轉圈，速度更大的便永遠不再回來，這個「不再返回」的最小速度就是逃逸速度。因此，只有

當物體相對星球的運動速度 v 大於逃逸速度 v_e 時，物體才能掙脫星球引力的束縛，逃逸到宇宙空間中。這個概念也被著名的皮埃爾 - 西蒙 · 拉普拉斯提出，並寫到他的《宇宙系統論》（*The System of the World*）一書中，成為最初萌芽的黑洞概念。

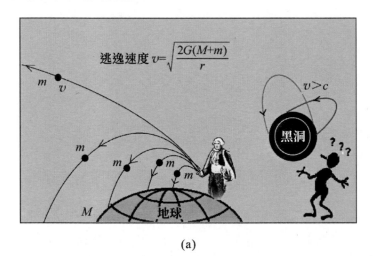

(a)

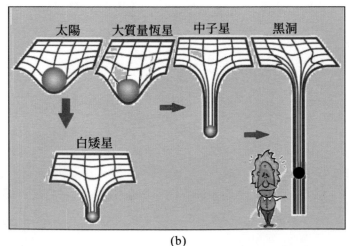

(b)

圖 1-3-1 暗星和黑洞
（a）拉普拉斯預言「暗星」；（b）愛因斯坦的廣義相對論預言「黑洞」

根據拉普拉斯和米歇爾的預言，如果星體的質量 M 足夠大，它的逃逸速度 v_e 將會超過光速。這意味著即使是光也無法逃出這個星球的表面，那麼，遠方的觀察者便無法看到這個星球，因此它成為一顆「暗星」。當初他們得出這個結論是根據牛頓（Isaac Newton）的光微粒說，計算基礎是認為光是一種粒子。有趣的是，後來拉普拉斯將這段有關暗星的文字從該書的第三版中悄悄刪去了。因為在 1801 年，湯瑪斯・楊（Thomas Young）的雙縫干涉實驗使得大多數物理學家們接受了光的波動理論，微粒說不再得寵。於是拉普拉斯覺得，基於微粒說的「暗星」計算可能有誤，新版的書中最好不提為妙。

1915 年，愛因斯坦建立了廣義相對論。緊接著，物理學家史瓦西（Karl Schwarzschild）首先為這個劃時代的理論找到了一個球對稱真空解，又叫史瓦西解。這個解為我們現代物理學中所說的黑洞建立了數學模型。最有意思的是，雖然拉普拉斯等人有關暗星的計算基礎（光的微粒說）是錯誤的，但他們得出的基本結果（黑洞半徑）卻與史瓦西解得到的「史瓦西半徑」完全一致。因為拉普拉斯等人在計算半徑的過程中犯了多次錯誤，最後，這些錯誤竟剛好互相抵消了！

不過雖然算出的半徑相同，但作為史瓦西解的「黑洞」概念，已經與原來拉普拉斯的所謂暗星，完全不是同一件事。史瓦西黑洞有著極其豐富的物理意義和哲學內涵，黑洞周圍的時間和空間，有許多有趣的性質，涉及的內容已經遠遠不是光線和任何物體能否從星球逃逸的問題。

我們在後面的章節中還會再提到黑洞的數學模型和物理性質。本節中，讀者可以首先從時空彎曲的角度來粗略地理解「黑洞」，如圖 1-3-1（b）所示。

廣義相對論描述的是物質引起的時空彎曲[6]。質量比較大的星體，

諸如恆星，能使得其周圍的時空彎曲，可以將此比喻為一個有質量的鉛球，放在具彈性的材料製造的網格上。鉛球的質量使得橡皮筋網格彎曲下陷。比如說，圖 1-3-1（b）中最左上角所示是我們的太陽，它在恆星中質量算是中等，橡皮筋網下陷不多。除了太陽之外，圖 1-3-1（b）中還顯示了質量密度更大的恆星、白矮星、中子星等情況。不同大小的質量密度會引起不同的時空彎曲，密度越大，彎曲程度越大，相應圖中彈性網格的下陷也越深。由圖中的描述，黑洞可以看成是當「重力塌縮」後，物體體積極小、質量密度極大時的極限情形。質量太大，引起時空極大彎曲，質量大到彈性網格支撐不住「破裂」而成為一個「洞」。這時候，任何進入洞口的物體都將掉入洞中，再也出不來。這個「洞口」指的是史瓦西半徑以內，「物體」則包括所有的粒子及輻射（光），這便形成所謂的黑洞。

前面曾經介紹了太陽的生命週期。你是否想像過，太陽老了之後會是什麼樣子？再過大約 50 億年之後，太陽核心的融合材料（氫）燒完了，會經歷一個突然膨脹為紅巨星的階段。那時的太陽將變成一個紅胖子！這段紅胖子時間雖然也有好幾億年，但在天文學家們的眼中卻不算什麼，因為他們要考慮的時間尺度太大了。

那麼，太陽為什麼突然會變成個紅胖子呢？因為在恆星的主序星階段，熱核反應將氫合成為氦。如果氫沒有了，核心中的氦又累積到了一定的比例，在核心處便會進行激烈的氦燃燒，導致失控的核反應（氦融合），幾分鐘內釋放出大量能量。天文學家們將這一過程叫做「氦閃」，這一閃就是 100 萬年！結果會閃出一個紅胖子。紅胖子內部的氦還在繼續燃燒，核心溫度達到 1 億℃。待很大比例的核心物質轉換成碳之後，內部溫度開始逐漸下降。隨著外層的星雲物質逐漸被削去，引力使得星

體向核心塌縮，體積逐漸縮小。最後，一個白矮子從紅胖子中逐漸出現，這便是太陽老時的模樣：白矮星！太陽目前的體積為 100 萬個地球大小，但它成為白矮星後，體積將縮小到地球大小。因此，白矮星的密度極高，從其中挖一塊小方糖大小（1cm³）的物質，重量可達到 1 公噸！

白矮星的光譜屬於「白」型，白而不亮，因為這時候融合反應已經停止，只是憑藉過去累積的能量發出一點餘熱而已。老耄恆星也明白「細水長流」之道理，它們發出的光線黯淡不起眼，剩餘能量將慢慢流淌，直到無光可發，變成一顆看不見的、如同一大塊金剛石（鑽石）形態的「黑矮星」！目前在宇宙中觀察到的白矮星數目已經可以說是多到「不計其數」，據猜想銀河系就約有 100 億顆。但是，黑矮星卻從未被觀測到，科學家們認為其原因是從白矮星變到黑矮星需要幾百億年，已經超過了現在猜想出的宇宙年齡。然而，對沒有觀測到的這類「假想」星體，人類畢竟知之甚少，尚需進行更為深入的研究。

你是否知道夜空中所見最亮的恆星是哪一顆？就是位於大犬座的天狼星。這顆星如此明亮，因此遠在西元前，人們對它就有所記載。天狼是古代中國人給它起的名字，在西方文化中，它被稱為「犬星」。「犬」和「狼」本來是屬於同類，雖然在不同文化中對這顆星的稱呼相似，但人們對其寄託的想像和徵兆卻迥然不同。古代人認為這顆星帶著一股「殺氣」，象徵侵略。「青雲衣兮白霓裳，舉長矢兮射天狼。」是屈原〈九歌〉中的句子；蘇軾的詩中也用「會挽雕弓如滿月，西北望，射天狼」來表達自己欲報國立功的信念。古羅馬人也認為「犬星」主凶，會造成災難。而古埃及人卻把天狼星作為「尼羅河之星」加以崇拜。

天狼星因為最亮眼，因而早就被人類觀測到。但直到 1892 年，人們才知道它並非「單身」，而是有一個時時不離的「伴侶」。因為觀測者

在研究天狼星的運動時，發現它總是在轉小圈圈。為什麼轉圈？繞著誰轉？依靠更強大的望遠鏡，人們才認識到天狼星原來是一對雙星，便稱它們為天狼星 A 和 B。這個伴星 B 的質量約為一個太陽左右，但大小卻只與地球相當。它的表面溫度也不低（25,000 K），但發出的光卻只有天狼星 A 的萬分之一，因而，它在亮麗的「女伴」旁邊不容易被人發現。更多研究顯示，它距離我們大約 8.5 光年，是距離地球最近的一顆白矮星。

光年是天文學中經常使用的距離單位，也就是光旅行 1 年所走過的距離。比如說，照在我們身上的太陽光是太陽在 8 分鐘之前發出來的，也就可以說，太陽離地球的距離是 8 光分。而光線從剛才提到的天狼星 B，傳播到地球上則需要 8.5 年。

後來，難以計數的白矮星被發現。2014 年 4 月，在距離地球約 900 光年的水瓶座方向，發現一顆已有 110 億年壽命的「鑽石星球」，它是到那時為止發現的溫度最低、亮度最暗的白矮星。這塊與地球差不多大小的大鑽石儘管價值連城，但人類卻承受不起，太重了，還是離它遠一點為妙。

根據目前的恆星演化模型，我們的太陽在耄耋之年的樣子，大概就類似於天狼星 B，或者 2014 年發現的這顆鑽石星。也許最後，它們將從白矮星緩慢地演化成黑矮星，但永遠不會變成黑洞。那麼，什麼樣的恆星最後才將塌縮成為黑洞呢？

4. 錢德拉塞卡極限 ——

　　在本書一開始時，我們曾經介紹過「重力塌縮」。一個星體能夠在一段時期內穩定地存在，一定是有某種「力」來抗衡重力。像太陽這種發光階段的恆星，是因為核融合反應產生的向外的輻射壓抗衡了重力。但到了白矮星階段，核融合反應停止了，輻射大大減弱，那又是什麼力量來平衡重力呢？

　　20 世紀初發展起來的量子力學 [7] 對此給出了一個合理的解釋。根據量子力學，基本粒子可以被分為玻色子和費米子兩大類，它們的典型代表分別是光子和電子。它們的微觀性質中最重要的區別是：電子這樣的費米子遵循包立不相容原理，而玻色子不遵守。包立不相容原理的意思是說，不可能有兩個費米子處於完全相同的微觀狀態。打個比方，許多光子可以以同樣的狀態「群居」在一起，但電子則要堅持它們只能「獨居」的個性。當大量電子在一起的時候，這種獨居個性類似於它們在統計意義上互相排斥，因而便產生一種能抗衡重力的「電子簡併壓」，見圖 1-4-1。

　　電子簡併壓及費米子獨居的特性可用一個通俗比喻來簡單說明：一群要求獨居的人入住到一家不太大的旅館中，每個人都需要一個單獨的房間，如果旅館的房間數少於入住的人數，一定會給旅館老闆造成巨大的「壓力」吧。

　　白矮星主要由碳構成，作為氫合成反應的結果，外部覆蓋一層氫氣與氦氣。一般來說，白矮星中心溫度高達 10^7K，如此高溫下，原子只能以電離形態存在。也就是說，白矮星可以看成是由緊密聚集在一起的離子以及游離在外的電子構成，就像是一堆密集的原子核，浸泡在電子「氣」中，如圖 1-4-1（b）所示。原子核提供了白矮星的大質量和高

密度，游離電子氣則因為遵循包立不相容原理而產生了抗衡重力塌縮的
「電子簡併壓」。

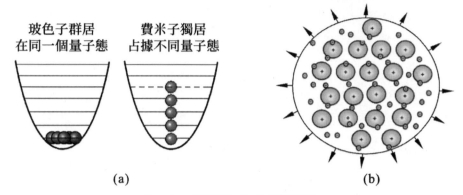

玻色子群居
在同一個量子態

費米子獨居
占據不同量子態

(a) (b)

圖 1-4-1 白矮星中的電子簡併壓力

（a）電子遵循包立不相容原理；（b）電子簡併態產生向外的壓力以抗衡重力

　　錢德拉塞卡（Subrahmanyan Chandrasekhar）是一位印度裔物理學家和
天體物理學家。他出生於印度，大學時代就迷上了天文學和白矮星。1930
年，錢德拉塞卡大學畢業，從印度前往英國，準備跟隨當時極負盛名的亞
瑟·愛丁頓（Arthur Eddington）做研究。他在旅途中根據量子統計規律計
算與白矮星質量有關的問題，得到一個非常重要的結論：白矮星的穩定性
有一個質量極限，大約是 1.4 倍太陽質量。當恆星的質量大於這個極限值
時，電子簡併壓力便無法阻擋重力塌縮。那時會發生什麼呢？錢德拉塞卡
暫時不知道結論，但恆星應該會繼續塌縮下去。這個概念與理論相衝突，
因為當時大家認為，白矮星是穩定的，是所有恆星的歸屬。

　　到了英國之後，錢德拉塞卡重新檢核、計算了這個問題並將結果報
告給愛丁頓，但卻沒有得到後者的支持。據說愛丁頓在聽了錢德拉塞卡
的講座後當場上臺撕毀講稿，並說他基礎錯誤，一派胡言。恆星怎麼可
能一直塌縮呢？一定會有某種自然規律阻止恆星這種荒謬的行動！愛丁

頓的反對對錢德拉塞卡是一個極大的打擊，使得錢德拉塞卡從此走上一條孤獨的科學研究之路。不過，他的論文在一年多之後，仍然找到了一份美國雜誌發表。多年之後，他的觀點被學術界承認，這個白矮星的質量上限後來以他的名字命名，被稱為錢德拉塞卡極限。當他 73 歲的時候，終於因他 20 歲時的計算結果而獲得了 1983 年的諾貝爾物理學獎。

其實，錢德拉塞卡的計算並不難理解，從圖 1-4-2 可以說明。

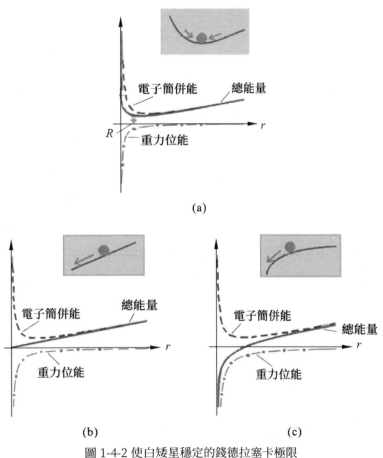

圖 1-4-2 使白矮星穩定的錢德拉塞卡極限

（a）$M<1.44M\odot$；（b）$M = 1.44M\odot$；（c）$M>1.44M\odot$

　　圖 1-4-2 中畫出了電子簡併能及重力位能隨著恆星半徑 r 的變化曲線。圖（a）、（b）、（c）分別表示恆星的質量小於、等於、大於 1.44 倍太陽質量時的 3 種情況。電子簡併能曲線不受恆星質量的影響，在 3 種情形中是相同的，但重力位能不同，與恆星質量大小密切相關。重力位能為負值表明是互相吸引，電子簡併能的正值表示電子之間統計意義上的「排斥」。3 個圖中均以實線描述總能量，是由電子簡併能和重力位能相加而得到的。從圖（a）可見，當恆星的質量小於錢德拉塞卡極限時，總能量在 R 處有一個最小值，能量越小的狀態越穩定，說明這時候恆星是一個半徑為 R 的穩定的白矮星。而當恆星的質量等於或大於錢德拉塞卡極限時，半徑比較小時的總能量曲線一直往下斜（從右向左看），沒有極小值，因為系統總是要取總能量最小的狀態，就將使得恆星的半徑越變越小，而最後趨近於零，也就是說產生了重力塌縮。這 3 種情形可以類比於圖右上方所畫的小球在地面重力位能曲線上滾動的情況。只有在第一種情況下，小球才能平衡並達到靜止。

　　難怪愛丁頓對錢德拉塞卡的「繼續塌縮」會惴惴不安，他無法理解密度已經如此之大的白矮星塌縮的結果會是什麼？塌縮到哪裡去呢？星體半徑怎麼可能趨於零？從物理上來說太不可思議了！愛丁頓不見得知道當時才剛剛被發現的中子，他也遠不如蘇聯著名物理學家朗道（Lev Landau）那般敏銳。據說發現中子的消息傳到哥本哈根，量子力學創始人波耳（Neils Bohr）召集大家討論，朗道聽到後立即發言，預言了中子星存在的可能性。他認為如果恆星質量超過錢德拉塞卡極限，也不會一直塌縮下去，因為電子會被壓進氦原子核中，質子和電子將會因重力作用結合在一起而成為中子。中子和電子一樣，也是遵循包立不相容原理的費米子。因此，這些中子在一起產生的「中子簡併壓」力可以抗衡重

力，使得恆星成為密度比白矮星大得多的穩定的中子星。中子星的密度大到我們難以想像：每立方公分為 1 億公噸到 10 億公噸。

不過，恆星塌縮的故事還沒完！後來在「二戰」中成為原子彈「曼哈頓計畫」領導人的歐本海默（Julius Oppenheimer），當時也是一個雄心勃勃的年輕科學家。他想，白矮星質量有一個錢德拉塞卡極限，中子星的質量也應該有極限啊。一計算，果然算出了一個歐本海默極限。不過當時歐本海默的計算結果不太正確，之後，歐本海默極限被人們修正為 2 ～ 3 倍太陽質量。

超過這個極限的恆星應該繼續塌縮，結果是什麼呢？基本粒子理論中已經沒有更多的東西來解釋它，也許還可以說它是顆「夸克星」？但大多數人認為它就應該是廣義相對論所預言的黑洞了。那麼，史瓦西在 1916 年從理論上算出來的黑洞，看起來就是質量大於 3 倍太陽質量的恆星最後的歸宿，它很有可能存在在宇宙空間中！這個結論令人振奮。

雖然科學家們在 1930 年代就預言了中子星，甚至黑洞，但是真正觀測到類似中子星的天體，卻是在 30 多年之後。

發現中子星的過程頗具戲劇性。那是在 1967 年 10 月，一個似乎帶點偶然的事件。安東尼・休伊什（Antony Hewish）是一位英國無線電天文學家，他設計了一套接受無線電波的裝置，讓他的一位女研究生貝爾・伯奈爾（Jocelyn Bell Burnell）日夜觀察。貝爾在收到的訊號中發現一些週期穩定（1.337s）的脈衝訊號。這麼有規律！難道是外星人發來的嗎？貝爾興致勃勃地向休伊什報告，並繼續加以研究收到的訊號；兩人將這些訊號稱為「小綠人」，意為來自外星人。但後來又發現這些脈衝沒有多少變化，不像攜帶著任何有用的訊息。最後人們將發出這一類訊號的新天體稱為「脈衝星」，並且確認它們就是 30 年前朗道預言的中子

星，發出的脈衝是中子星快速旋轉的結果。安東尼・休伊什也因此榮獲1974 年的諾貝爾物理學獎，但大多數人對貝爾未能獲獎而憤憤不平。比如霍金（Stephen Hawking）在《時間簡史》（*A Brief History of Time*）一書中，就只說脈衝星是貝爾發現的。

中子星雖然密度極大，但它畢竟仍然是一個由我們了解甚多的「中子」組成的。中子是科學家們在實驗室裡能夠檢測到的東西，是一種大家熟知的基本粒子，在普通物質的原子核中就存在。而黑洞是什麼呢？就實在是難以捉摸了。也可以說，恆星最後塌縮成黑洞，才談得上是一個真正奇妙的「重力塌縮」。

如上所述，不同質量的恆星可能走向不同的命運，老死的過程有所不同。太陽經過紅巨星階段後，沒有足夠的質量再次爆發成為超新星，最後的歸屬是變成白矮星再到黑矮星。而比 3 倍太陽質量更大的恆星在變成紅巨星之後，將會再爆發成為超新星，然後形成中子星和黑洞。

有一個描繪眾多恆星演化狀態的赫羅圖，它是恆星溫度相對於亮度的圖。或者說是恆星的亮度（絕對星等）和它的顏色之間的規律。天文學家們根據觀察到的恆星數據將每個恆星排列在圖中，結果吃驚地發現，在主序星階段的恆星都符合這個規律，像在電影院中對號入座一樣。這個規律被丹麥天文學家赫茨普龍（Ejnar Hertzsprung）和美國天文學家羅素（Henry Norris Russell）各自獨立發現，因而被命名為「赫羅圖」，見圖 1-4-3。

中子星和白矮星都是已經被觀測證實過在宇宙中存在的「老年」恆星。天文學家們也觀測到很多黑洞，或者可以說觀測到是黑洞的候選天體。將它們說成是「候選」的，是因為它們與理論預言的黑洞畢竟有所差別。例如離地球最近的孤立中子星位於小熊座，被天文學家取名為

「卡維拉」（Calvera）。這種中子星沒有超新星爆發產生的殘餘物，沒有繞其旋轉的星體，因為發出 X 射線而被發現。離地球最近的黑洞位於人馬座，它與一顆普通恆星組成一個雙星系統而被發現。對這個黑洞的探索還在繼續進行中，下一節中還會談到它。

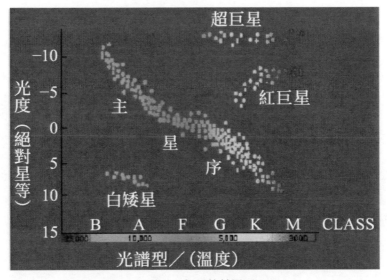

圖 1-4-3 恆星的赫羅圖

5. 天上有個好萊塢 ━━━

　　我們頭頂上的迢迢銀河是一座宇宙中的星城，是天上的好萊塢。上一節中涉及的肉眼可辨的所有恆星，還有我們的太陽和太陽系，絕大多數都屬於這座巨大的星城 ── 銀河系（圖 1-5-1）。

圖 1-5-1 地面的星城和天上的星城

　　宇宙實在太大太大了！如果將每個天體比作一個生命體，我們人類只像是寄生於地球身體上極其微小的生物。那麼，太陽系算是地球之家，銀河系則是這個家所在的城市。這一節中，我們就來探索一下這個城市。

　　在非常久遠的古代，人類就認識了銀河。那是懸掛在靜謐夜空中的令人遐想的一道星河。孩子們想像著是否可以跳到天河中去游泳？成年人則以銀河兩邊兩顆晶瑩閃爍的星星編出了牛郎織女等浪漫的神話故

事。此外，中國古詩詞中也不乏描寫銀河的句子：王建用「天河悠悠漏水長，南樓北斗·兩相當」的句子來描寫夜空；杜甫則以「星垂平野闊，月湧大江流」來抒寫自己的抱負和情懷。西方文化中也有類似的神話，將銀河稱為「牛奶路」。這個「奶」字來源於希臘神話，意指這條「天河」，是天帝宙斯的妻子（天后赫拉）在天上灑落的乳汁。

但是，神話和聯想只停留在文學和藝術的意義上，只有科學才能讓我們進行更深入的探索。有了科學的幫助，人類才得以了解滿天繁星後面暗藏著的祕密。比如說，我們現在知道了天空中絕對亮度最亮的北極星距離地球約 323 光年！而牛郎星和織女星相距 16 光年，就算用光速進行通話，來回一次也要 32 年，看來是不可能約定每年一次的七夕相會了。

古人也知道銀河是由無數星星組成的，但人類真正對銀河系有了科學意義上的認識，還是從近代才開始。

我們現在抬頭仰望銀河，可以向孩子們滔滔不絕地講解有關地球、太陽系、銀河系、行星、恆星、彗星、星雲等天文知識。與銀河系有關的許多天文觀測記錄，都和一位傳奇的女天文學家卡羅琳·赫歇爾（Caroline Herschel），以及她的哥哥，英國著名天文學家威廉·赫歇爾（William Herschel）的貢獻有關。

1785 年，威廉認為銀河系是扁平的，太陽系位於其中心。30 多年後，美國天文學家沙普利（Harlow Shapley）從赫歇爾兄妹的觀測數據，得出太陽系位於銀河系邊緣的結論。直到 20 世紀 20 年代，天文學家們才認識到銀河系正在不停地自轉。

赫歇爾這個名字，實際上是一個天文學界中的著名家族，包括上面提及的威廉，他的妹妹卡羅琳，和威廉的兒子約翰·赫歇爾（John Herschel）。

　　卡羅琳是科學史上少有的傑出女性之一，她的經歷頗具傳奇性。她是赫歇爾家庭中十個孩子裡的第八位，小時候多災多病。在 10 歲時，她得了斑疹傷寒，導致臉上疤痕纍纍。她身材矮小，據說高度長到 4.3 英尺就停止了。由於發育不良，她的父母認為她不會結婚，沒讓她受正規教育，而是訓練她如何管家。但是後來，老赫歇爾去世後，威廉發現了妹妹的天賦，將她從家中解救出來，讓她走向了外面的廣闊世界。

　　威廉‧赫歇爾對音樂有濃厚的興趣，而且造詣頗深。他讓卡羅琳學習音樂，教她如何唱歌。卡羅琳很快成為一個多才多藝的女高音，不過她只在威廉舉辦的音樂會上演唱。當威廉的興趣轉向天文觀測方面之後，卡羅琳又成為他在這方面不可或缺的得力助手。

　　卡羅琳學會了如何擦亮透鏡，如何自己製作望遠鏡。威廉還教會卡羅琳如何記錄觀察到的數據，如何進行必需的數學計算。兄妹倆用親手製成的望遠鏡（圖 1-5-2），先後探察了北半球 1,083 個天區的共計 11 萬多顆星星。

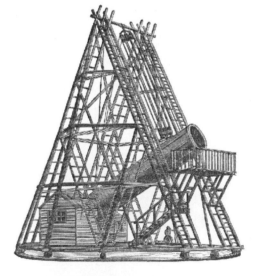

圖 1-5-2 赫歇爾兄妹自製的望遠鏡

1781 年 3 月 13 日，赫歇爾兄妹在觀測雙星時發現了一顆新的行星 —— 天王星。這項發現為他們贏得了巨大的聲響，也使威廉於 1782 年成為英國皇家天文學家。於是，卡羅琳隨哥哥前往英國，但威廉經常需要外出參加學術活動，卡羅琳則作為威廉的管家和助理留在家裡。這種時候，她也從不放過任何一次觀測天象的機會。並且，她逐漸累積起不少自己獨立觀測到的天文紀錄。

1783 年 2 月 26 日，卡羅琳發現了一個疏散星團（NGC 2360），並在那年年底又發現了另外兩個星團。在 1786 年 8 月 1 日，卡羅琳發現一個發光物體在夜空中緩緩行駛。她在第二天晚上再次觀察到這顆天體，並立即透過郵件提醒其他天文學家，宣布自己發現了一顆彗星。她還告知其他人該彗星的路徑特點，使他們可以觀測研究。這是目前公認的第一顆女性發現的彗星，這一發現使卡羅琳贏得了她的第一份薪資。1787 年，卡羅琳正式被喬治三世國王聘用為威廉的助手，成為第一位因為科學研究而得到國王給予薪資報酬的女性。

卡羅琳總共發現了 14 個星雲和 8 顆彗星。她終身未嫁，是否談過戀愛我們也不得而知，她把每一天的生命都貢獻給了天文觀測（圖 1-5-3）。

圖 1-5-3 卡羅琳從管家成為「領薪資」的天文學家

在 1822 年威廉去世後，卡羅琳從英國返回德國，但並沒有放棄天文研究，她整理出了自 1800 年威廉發現的 2,500 個星雲列表。她幫助天文學會整理和勘誤天文觀測數據，補充遺漏，提交索引。英國皇家天文學會為表彰她的貢獻，授予了她金質獎章。在她 96 歲時，普魯士國王也授予她金獎。

威廉死後，他的兒子約翰子承父業，繼續父親和姑姑的工作。約翰把觀測基地移到了南非，在那裡探測了 2,299 個天區的共計 70 萬顆恆星，第一次為人類確定了銀河系的盤狀旋臂結構，把人類的視野從太陽系伸展到 10 萬光年之遙。從三位赫歇爾大量的觀測結果（近百萬顆星星！），人們才開始認識到世界之大、銀河系之大，而整個太陽系不過是銀河系邊緣上一個不起眼的極小區域而已。

後來，美國著名的天文學家愛德溫·哈伯（Edwin Hubble）第一次將人類的眼光投向了銀河系之外。也就是當人們認識到「天外還有天，河外還有河」之後，才對銀河系這個天上的大城市有了更多的認識和了解。有些時候，需要設想讓自己「跳出」銀河系來觀察銀河系才更為準確。否則便成了「不識銀河真面目，只緣身在此河中」。

哈伯將宇宙中的星系按其外觀分為兩類：橢圓星系和螺旋星系，螺旋星系中又包括正常的渦旋星系和棒旋星系。此外，還觀察到一些形狀不太規則的星系，暫時稱它們為不規則星系，見圖 1-5-4。哈伯的星系分類規則被沿用至今，不過從現代天體物理的觀點看，哈伯對這幾類星系演化歷史的解釋卻不正確。

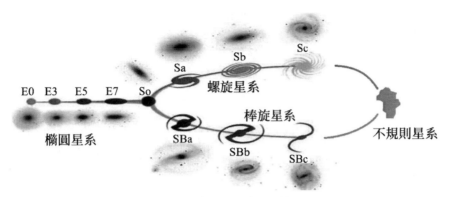

圖 1-5-4 哈伯的星系分類法

　　哈伯認為他的星系分類法也描述了星系的演化，也就是說，星系按照圖 1-5-4 中從左到右所示的過程演化：最左邊最接近球形的星系是幼兒時期，然後變成橢圓，再變成有旋臂的螺旋星系，之後旋臂會逐漸減少。根據現代的星系演化理論，過程卻正好反過來。最開始星系由許多球狀小星團融合而成，融合到一定程度便開始旋轉形成圓盤狀，並產生多條旋臂。之後，旋臂數逐漸減少，最後變成橢球形。

　　現代的觀測猜想，銀河系大約包含了 2,000 億顆恆星。雖然恆星只是星系的主要成員，但這個數目已經大大超過了地球上的總人口數。所以，僅僅將銀河系比喻為一座大城市，其實是大大地「小看」它了！

　　這麼多的恆星，是如何分布在銀河系這座城市裡的呢？

　　銀河系在不停地自轉，早期認為屬於正常的螺旋星系，但現在有證據表明它是一個棒旋星系，因為在它的核心，有一個類似長棒的恆星聚集區，見圖 1-5-5（a）中的俯檢視和側檢視。太陽系又以每秒 250km 的速度圍繞銀河中心旋轉，旋轉週期約 2.2 億年。據說包括暗物質在內的銀河系總質量大約是 8,000 億個太陽（這個數值很難說，各種模型的估算值之間相差很大！）。整個銀河看起來，像是一個形狀扁平的飛碟，在

空中飛速旋轉。飛碟直徑大約 10 萬光年，中心厚度大約 1.5 萬光年，邊緣厚度也有 3,000 光年。太陽系算是住在銀河系的「郊區」，離中心處2.8萬光年左右。也正因為地球是從比較邊緣處望這個大盤子，所以銀河系看起來才像一條帶子，或者說像是「一條河」了。

大多數亮晶晶的星星都集中在銀心和銀心周圍的銀河盤面上，銀河盤面實際上又由幾條旋臂組成。銀河的主要區域是圓盤形，但外面還有兩層由稀疏的恆星和星際物質組成的球狀體，稱為銀暈，見圖 1-5-5（a）右上方圖中的內層銀暈和外層銀暈。此外，按照最新的理論，圖中所畫的這一切都應該「泡」在一個更大的「暗物質」的海洋中。

近幾年來天文探測技術突飛猛進，科學家們發現，大多數星系的中央都存在一個超重黑洞，我們的銀河系也是如此。在距離地球 2.6 萬光年的地方，靠近銀河系的中心處有一個人馬星座，也就是人們俗稱的射手座。這個星座的星星排列方式看起來如同一個半人半馬的射手形象，因而得名「人馬」。近幾年來，人馬座 A^* 引起了天文學家們的極大興趣，因為它是一個強大的紅外線和 X 射線輻射源。一位德國科學家在 2008 年最終證實，人馬座 A^* 位於銀河系中心，就是一個質量約為 400 萬倍太陽的超大質量黑洞。

我們這個大盤子城市的「市中心」的核心部分竟然是一個超大質量黑洞！黑洞具有將周邊物體吸進洞中的能力，進去就出不來，有點像是恆星的「墳墓」。在黑洞的周圍是恆星密集的「銀心」。銀心像一座長長的橄欖球形城堡，也可以說是一個「養老院」，因為其中居住的幾百億顆恆星中，大多數是老耄之年的白矮星。

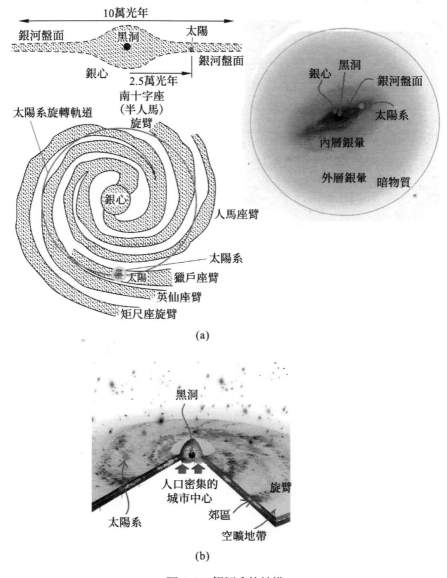

圖 1-5-5 銀河系的結構

（a）銀河系和太陽系；（b）銀河系的星體分布

銀心的外面是銀河盤面。這個天天掛在我們夜空中的大盤子實際上由好幾條漩渦形的「手臂」組成，稱之為旋臂。我們從地球上看到它的側影，很像一條河。但如果我們能夠跳出地球，到大盤子的正面去看它，它更像一個旋轉的風車。風車有 4 個葉片，即銀河系的 4 條主要旋臂，分別是矩尺、半人馬 - 盾牌、人馬與英仙等主要旋臂。太陽系位於半人馬與英仙臂間的次旋臂（獵戶臂）中。旋臂主要由星際物質構成，也有或疏或密的恆星散布其中，就像城市邊沿的郊區部分，居民比市中心少多了，時而密集、時而零落地散布在空曠的原野中，見圖 1-5-5（b）。

在銀河旋臂中居住的主要是年輕的恆星，類似太陽，它們還在發光發熱，處於精力旺盛的主序星階段，喜歡住郊區。此外，那裡也有時聚時散、四處遊蕩的童年恆星。

在球形外圍的銀暈部分，大部分是稀疏的塵埃和星雲，也零散地分布著少量恆星，其中也有一些白矮星類別的「孤寡老人」。

6. 河外星系知多少 ━━━

　　從地球上看來，銀河系是天上的大城市，但和整個宇宙比較起來，銀河系又小得可憐，見圖 1-6-1（a）。宇宙是一個廣袤無垠、浩瀚遼闊的天體海洋，銀河系只是海洋中的一座小島。古代人憑肉眼觀測到的有限，所見星球中絕大多數只是銀河中的成員。伽利略發明的望遠鏡擴大了人類的視野，觀察到的天體數量大大增多。但是，僅僅從整個天球上分布的星星的亮度和閃爍情況，我們很難勾勒出宇宙的整體影像，因為我們畢竟還是受限於「在此山中」的客觀事實。

　　儘管肉眼視力有限，我們還是能看見銀河系的兩個近鄰：大小麥哲倫雲，如圖 1-6-1（b）所示。能看到南半球天空的古人應該很早就發現了與銀河系有所分離的這兩團星雲。不過，大多數的觀測並未在歷史上留下痕跡，波斯天文學家阿卜杜勒 - 拉赫曼‧蘇菲（Abd al-Rahman al-Sufi）於西元 964 年出版的《恆星之書》（*The Book of Fixed Stars*）中曾經提到阿拉伯人對它們的觀測。後來，直到 16 世紀初著名的葡萄牙航海家麥哲倫（Ferdinand Magellan）環球航行時，再次發現了這兩個星雲並且對它們作了詳細的描述，因此，後人將它們用這位航海家的名字命名。

　　但即使當年的航海家觀測到了這兩個星雲，也並不明白它們是什麼，又位於何處。首先，如何準確地測量星體與我們地球之間的距離就不是一個容易解決的問題。人類迄今為止所得到的所有天文知識，都是靠光，也可以說是被現代科學技術武裝、擴大了的「目測法」。本書後面會對此作更為詳細的介紹。

　　1912 年，美國天文學家勒維特（Henrietta Leavitt）利用「週光關係法」測定出小麥哲倫雲與我們的大概距離，使其成為最早被人類確認的（可能）不屬於銀河系的星系。近代天文學告訴我們，大小麥哲倫雲與銀河系的距離分別為 16 萬光年和 19 萬光年，質量分別是銀河系的幾十分之一和百分之一。從圖 1-6-1（b）中看起來，它們只是銀河系旁邊兩個小「團體」，但它們的每一個都擁有數十億顆恆星！雖然大小麥哲倫雲也算是星系，但是它們與銀河系太親密了，像婚禮上新娘的兩個「伴娘」。不過，它們圍繞銀河系轉圈的週期又是一個讓你吃驚的天文數字：10 億～15 億年才轉一圈！此外，這種轉圈運動也不會永遠繼續下去，據說小麥哲倫雲已經逐漸被銀河系強大的引力撕裂，天文學家們預言，這兩個「伴娘」多年之後的命運將會是與銀河系合為一體。

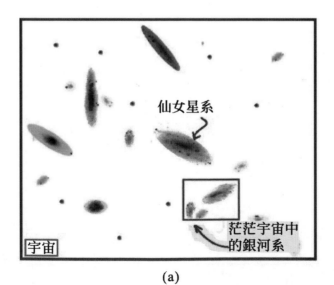

(a)

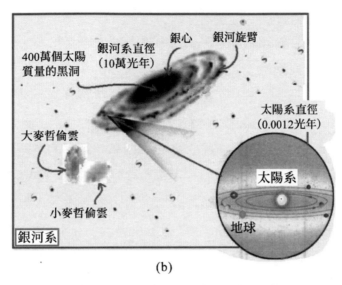

(b)

圖 1-6-1 宇宙、銀河系、太陽系大小比較

　　不過也有觀點認為，像大小麥哲倫雲這樣繞著銀河系轉圈的星系，只能算是銀河系的衛星星系。在宇宙中觀測到許多較大的星系都有衛星星系，不過衛星星系一般都是一些「矮子」，像銀河系這種牽著兩個不算「矮」的「伴娘」星系的不是很多。實際上，除了大小麥哲倫雲之外，銀河系還有好幾個圍繞她轉圈的衛星「矮星系」，比如大犬座、人馬座、大熊座、小熊座等。

　　如果不算麥哲倫雲，哈伯是第一個真正「望」到了銀河系之外的人。當他初到美國加州的威爾遜山天文臺時，當時的天文界權威得意地告訴他，他們已經估算出了銀河系的大小，半徑大約是 30 萬光年。他們認為，這大概就是觀測的極限，也差不多是宇宙的極限了。可哈伯根本不相信這種觀點，幾年後，他用 2.54m 口徑的虎克望遠鏡證實，銀河系不過是宏大宇宙中的一顆小小沙粒，除了銀河系這個極其普通的成員之外，宇宙中還有許多類似的星系。當年的哈伯，首先「看」到了距離銀

河系 200 萬光年之外的仙女星系！

　　與觀察到麥哲倫雲類似，古人也早就看到了仙女星系。只是，古人一直認為她是銀河系中一個類似於太陽系的恆星系統而已。蘇非在《恆星之書》中，則將仙女星系描述為一片「小雲」，後來的天文學家們也認為它屬於銀河系，稱之為仙女星雲。

　　19 世紀有一個叫艾薩克・羅伯茨（Isaac Roberts）的英國商人，對天上的這片「小雲」產生了好奇心，下決心要把它「看」得更清楚。羅伯茨依靠他的經濟實力，在英國薩塞克斯郡建造了一座私人天文臺，並且自己動手改進當時粗糙不堪的天文裝置，還自製了一架口徑 10cm 的望遠鏡。羅伯茨利用他的這些天文「玩具」，觀測並拍攝了一些和他同時代的人未見過的天文照片。

　　1887 年，羅伯茨使用長時間曝光的方法，為這朵「小雲」拍攝了一張清晰的照片，向世人展示了仙女揮動「雙臂」旋轉的舞姿，第一次讓人們認識到仙女星系有兩個旋臂，見圖 1-6-2（a）。

　　當然，照片再清晰也回答不了這團光斑到底是在銀河系之內還是銀河系之外的問題。答案是由哈伯在 1924 年利用造父變星的光變週期測量了「小雲」的距離之後得到。根據哈伯的測量，它距離我們 200 萬光年之遙，當然只能位於銀河系之外了，因為我們所在銀河系的直徑不過十幾萬光年。因此，仙女座被認定是一個比銀河系還大得多（大約 2 倍）的獨立星系。

(a)   (b)

圖 1-6-2 仙女星系

（a）羅伯茨於 1887 年拍的第一張仙女座照片；（b）後來的高解析度仙女座照片

在月光較黯淡的秋天夜晚，如果你在遠離城市的郊外仰望星空，便會較容易地辨認出一個被觀測者稱為「秋季四邊形」的影像，這個四邊形是由飛馬座的三顆星和仙女座的一顆星構成的。除了飛馬座和仙女座之外，旁邊還有仙后、仙王、英仙、雙魚等星座，見圖 1-6-3（a）。

這些星座名字大多數來自古希臘神話中的神仙。古人們望著迷人的夜空，遐思不斷，編織出許多美麗的童話故事。仙女座的名字 —— 安朵美達（Andromeda），指的是衣索比亞國王（仙王）與王后（仙后）之愛女，其母卡西奧佩婭因為不斷炫耀女兒的美麗而得罪了海神之妻。海神為實現妻子報復卡西奧佩婭的心願，下令海怪（鯨魚）施展魔法，掀起一波又一波的海嘯巨浪，使得附近海域成天不得安寧。海神頒布神諭，逼迫王后獻祭安朵美達。國王和王后只好將女兒安朵美達用鐵鍊鎖在一塊礁石上，後來宙斯之子、英俊瀟灑的柏修斯（英仙）剛巧騎著飛馬路過此處，瞥見慘劇。安朵美達的父母請求柏修斯營救他們的女兒，作為條件他可以娶安朵美達為妻，並成為衣索比亞的國王。於是柏修斯力戰並殺死了鯨魚，救出仙女安朵美達並與其結成美滿姻緣。

仙女星系是一個典型的螺旋星系。如同銀河系，仙女星系也有好幾

個衛星星系，目前所知的已經有 14 個矮星系繞著仙女星系旋轉。

　　河外星系的發現是人類探索宇宙過程中的重要里程碑。天文學和宇宙學中，哈伯的名字已經和好幾個里程碑相關。在現代的天文觀測手段中，這個名字又和一個重要的太空天文望遠鏡連繫在一起，人們以此表示對這位探索宇宙的先行者的無比敬仰和永恆懷念。

　　天文學家們猜想河外星系的總數在千億個以上，星系的外形和結構多種多樣，每個星系又都由數萬乃至數千萬顆恆星組成。除了獨立的星系之外，大多數星系又互結為「群」，群中的成員數少則兩個，多則幾百上千個。比如說，我們的銀河系和它的鄰居仙女星系，還有其他 30 多個星系，共同組成了一個更大的星系集團，科學家們稱為「本星系群」。

　　還有一件有趣的事。根據天文學家的研究結果，仙女星系正在以每秒 20km 的速度向銀河系靠攏，據說最後將與銀河系相撞，如圖 1-6-3（b）所示。不過大家不需要擔心，那是 40 億年之後才會發生的事情。

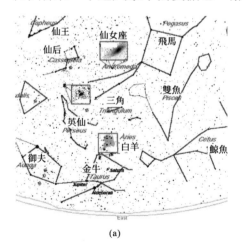

(a)　　　　　　　　　　　　　　　(b)

圖 1-6-3 仙女座

（a）十月的北美夜空；（b）40 億年之後的仙女星系（左）和銀河系

第二章
牛頓的宇宙

　　第一章仲介紹了一些基本的天文知識，從地球到太陽系、到銀河系，再到本星系群和浩瀚無垠的宇宙，宇宙之大讓人震撼，宇宙之美引人遐想！宇宙的物理學呢，則向科學家們提出了一個又一個難解之謎……

1. 永恆而穩定的宇宙圖景 ——

　　遠古時候的人，對宇宙只能想像，談不上「研究」，只有當越來越多的星球、星系、星系團被我們觀測到之後，才有可能在巨觀尺度的範圍內來觀測和研究宇宙應該呈現的面貌，這便是宇宙學的目的。

　　宇宙學有兩個基本假設，我們稱之為宇宙學原理，指的是在巨觀尺度的觀測下，宇宙是均勻和各向同性的。也就是說，就巨觀尺度而言，你在宇宙中的任何位置，朝任何方向看，都應該是一樣的。

　　宇宙學原理只在「巨觀尺度觀測」下才成立。何謂巨觀尺度？打個日常生活中的比方，如果我們從「巨觀尺度」的角度來觀察一杯牛奶，看起來是一杯均勻和各向同性的白色液體。但是，如果從微觀角度看，便有所不同了，其中有各式各樣的分子和原子，分布很不均勻，各向異性。如果設想有一種微觀世界的極小生物（只能假想，細菌也比它大多了），生活在這杯牛奶中某個原子的電子上，猶如我們人類生活在地球上。原子核就是它們的「太陽」。一開始，這種生物只知道它們能夠觀察到的原子世界，即它們的「太陽系」。細菌朝四面八方觀察，顯然不是各向同性的，因為一邊有太陽，一邊沒太陽。後來，細菌們跳出了太陽系，看到了原子之外原來還有巨大的分子，它們所在的原子不過是大分子中的一個極小部分。再後來，它們又發現它們的「牛奶」世界中還有其他各式各樣的分子：水分子、蛋白分子、脂肪分子、糖分子等。

　　用上面的比喻可以說明天文學和宇宙學研究對象的區別。微小細菌的「天文學」研究的是氫原子、水分子等各種原子和分子；而它們的

「宇宙學」研究些什麼呢？那是它們「跳」出它們的小世界之後，把這杯牛奶作為一個「整體」來研究，這杯牛奶的質量、顏色、密度、流動性等。也許還可以研究這杯牛奶的來源：在母牛的身體內是如何分泌、產生出來的？所以，所謂巨觀尺度，研究的就是這些只與整體有關，不管分子、原子細節的性質。

我們將要介紹的宇宙學研究也是這樣，不像天文學那樣研究個別的、具體的恆星、星系或星系群。我們需要「跳」出地球，「跳」出銀河系，站在更高處，將宇宙作為一個整體「系統」來看待，研究宇宙的質量密度、膨脹速度、有限還是無限、演化過程、從何而來、將來的命運等。

在天文學家眼中，一個星系是千萬顆恆星的集合，而在宇宙學家眼中，一個星系只是他所研究的對象中的一個「點」。

在宇宙的巨觀尺度上，引力（重力）起著重要的作用。物理學引力理論中有牛頓萬有引力和廣義相對論兩個裡程碑，分別對應於兩種不同的宇宙圖景和宇宙學：牛頓的宇宙模型，以及現代物理中以大霹靂學說為代表的宇宙標準模型。

雖然牛頓理論可以當作廣義相對論在弱重力場和低速條件下的近似，但就其物理思想而言，牛頓理論有兩個根本的局限性。一是認為時間和空間是絕對的，始終保持相似和不變，與其中物質的運動狀態無關。因而，牛頓的宇宙圖景只能是永恆的、穩定的、無限大的。二是牛頓理論中的「力」，是一種瞬時的超距作用力，光速是無限大，但這點與實驗事實相悖。牛頓理論中的萬有引力也是瞬時傳播，沒有重力場的概念，重力作用傳遞不需要時間。從牛頓引力定律則不可能預言重力波。其次，牛頓宇宙圖景需要的宇宙無限的假設，與牛頓理論之間存在著無

法克服的內在邏輯矛盾，引起不少難以解釋的悖論。牛頓引力理論是弱重力條件下的理論，對於強重力場和巨觀尺度作用範圍是不適用的，很多時候，對宇宙時空的理解都涉及無窮大和無窮小的問題。矛盾和悖論恰恰就由此產生。

那麼，宇宙時空到底是有限還是無限的？物質是否可以「無限」地分下去？這些概念是否只是無限逼近的一個理論極限？其實，天文學、宇宙學、物理學研究的歷史中，存在很多著名的疑問和悖論，悖論實質上就是科學家們提出的疑難問題。不斷地發現、提出、研究，直至最終解決悖論，這就是科學研究的過程。科學中的悖論、矛盾是科學發展的產物，預示我們的認知即將進入一個新的階段，上升到新的境界。

牛頓宇宙學和現代宇宙學都遵循均勻各向同性的宇宙學原理。牛頓理論認為宇宙和時間空間都是靜態和無限的，時間就是放在某處的一個絕對準確、均勻無限地流逝下去的「鐘」，空間則像是一個巨大無比的有標準刻度的框架，物質分布在框架上。這種靜態無限的傳統宇宙觀，初看起來簡單明瞭，似乎容易被人接受，但卻產生了不少悖論，比如奧伯斯悖論（也叫光度悖論）、引力悖論，以及與熱力學相關的熱寂悖論等。

2. 夜空為什麼黑暗 ————

夜空為什麼是黑暗的？這問題聽起來太幼稚了，像是一個學齡前小孩向父母提的問題。其實不然，這是物理學中一個著名的悖論：黑夜悖論，又稱為奧伯斯悖論[8]。

為什麼天空在白天看起來是明亮的，夜晚看起來是黑暗的？表面上的道理人人都懂，不就是因為地球的自轉，使得太陽東昇西落，晝夜交替而造成的嗎。當然，從物理的角度來看，大氣的作用也不應忽略。如果沒有大氣，天空背景本來就是黑暗的，白天也一樣，太陽不過只是黑暗背景中一個格外明亮的光球而已，宇宙飛船中的太空人在太空中看到的景象就是如此。

因為有了大氣，地球上才有了白天黑夜。白天，也就是當我們所在的位置對著太陽的時候，太陽光受到空氣分子和大氣塵埃的多次散射，使得我們看向天空中的任何一個方向，都會有光線進入眼睛，所以我們感覺天空是亮的。夜晚到了，地球把它的「臉」轉了一個180°，使我們背朝太陽，我們所在的地球上的「那個點」正好躲到了背對太陽的地球陰影裡面，大氣中不再有太陽的散射光芒，天空看起來是黑暗的。

我們可以用如上方式向孩子們解釋夜空為何黑暗。但是，有一位叫奧伯斯的人不同意這種說法。奧伯斯（Heinrich Olbers）是德國天文學家，他在1823年發表了一篇文章，針對與上面類似的解釋，奧伯斯說：

「不對，晚上雖然沒有太陽，但還有其他的恆星啊！」

某個物理系的學生則說：「大多數恆星離我們地球太遠了，以至於看

不見它們。因為恆星照到地球上的光度與距離平方成反比而衰減。」

　　然而，奧伯斯說：「看不見個別的星球，不等於看不見它們相加合成的效果。所有恆星的光相加起來，也有可能被看到啊。」

　　的確如此，許多肉眼看不見的遙遠恆星發出的光線合成後，可以達到被看見的效果。比如說，我們肉眼可以看見仙女星系，但實際上這個星系中任何一顆恆星的亮度都沒有達到能被肉眼看見的程度。整個仙女星系能夠被看見，是其中所有恆星發出的光線合成的結果。另外，當我們抬頭仰望銀河的時候，看到的也是模模糊糊的一片白色，那也是許多星光相加的效果，用肉眼很難將它們分辨成一顆一顆單獨的星星。

　　於是，這位學生表示同意地說：「對，相加的效果可能使得星系能夠被觀測到，但仍然不夠照亮夜空……」

　　奧伯斯：「但你忘了，星球數目有無限多啊！」

　　至此，物理系學生暫時無話反駁，他在思考奧伯斯提及的「星球無限多」的問題。

　　那時候是牛頓的新物理學當道的年代，實際上布魯諾（Giordano Bruno）很早就大膽預言了宇宙無限，康德（Immanuel Kant）後來也提出過空間中存在無數星系的想法，一個動態而無限的宇宙圖景，使當時初見雛形的宇宙論走向科學。並且，無限宇宙的圖景是與牛頓力學的絕對時空觀念相符合的。比如說，牛頓第一定律認為不受外力作用、具有初速度的物體將做等速直線運動，而這種運動只在無限的宇宙時空中才能實現。此外，從牛頓的萬有引力定律，任何兩個物體間的引力與距離平方成反比，當它們相距無窮遠時引力為零，這點暗含著宇宙是無窮大、邊界條件為零的假設。

　　因此，學生思索一陣之後說：「無限的宇宙中星球數目的確是無限

多，那又怎麼樣呢？」

奧伯斯笑了：「那我們就來做一個中學生都能懂的計算，算算這無窮多個星球的光傳到地球上造成的相加效果有多大……」

奧伯斯認為，如果宇宙是無窮大、各向同性、星體均勻分布的，就會得到夜晚的天空也應該明亮的結論。

如圖 2-2-1 所示，因為宇宙是無窮大，地球上的人朝任何一個方向觀察，比如圖中的立體角 A 的方向，都能看到無限多的星球。所有星球發出的（或者反射的）光傳到地球上來，產生的光度的總和，便描述了這個觀測方向上天空的亮度。如何求立體角 A 中觀察到的這個總亮度呢？考慮距離地球為 R 處、厚度為 ΔR，包圍著的一個殼層（球殼在立體角 A 中的部分）。如果用 N 表示宇宙中星球數的平均密度，上述殼層中星體的數目則等於體積乘以 N。厚度為 ΔR 的殼層中星體的數目 $= R^2 \times A \times \Delta R \times N$，該殼層單位立體角對地球人觀察到的光度的貢獻 $= \Delta R \times N$。這裡 ΔR 是殼層的厚度，N 是星球密度。

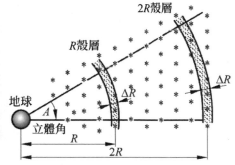

如果 $N \Rightarrow$ 宇宙中星球的平均密度

ΔR 殼層中的星球對地球光度的貢獻 $= \dfrac{殼層體積 \times N}{R^2} \approx \dfrac{R^2 \times \Delta R \times N}{R^2} \approx \Delta R \times N$

圖 2-2-1 黑夜悖論

　　上面推導的最後結果與 R 無關，也就是說，無論距離地球遠近，每個殼層對光度的總貢獻都是一樣的，都等於 $\Delta R \times N$。雖然星光在地球上的亮度按照 R^2 規律衰減，殼層離地球越遠，亮度會越小。但是，殼層越遠，同樣的立體角中所能看到的星星數目便會越多，星體的數目也按照 R^2 的規律增加。因此，衰減和增加的兩種效應互相抵消了，使得每個殼層對光度的貢獻相同。然後，對給定立體角 A 上的所有殼層求和，即將所有的殼層厚度加起來，最後得到地球觀察者看到的總亮度是 $R_{宇宙} \times N$。這裡的 $R_{宇宙}$ 是宇宙的半徑，如果宇宙是無限的，其半徑等於無窮大，那麼總亮度也會等於無窮大。每個方向的亮度都趨向無窮大的話，天空當然是一片明亮。由此，奧伯斯得出結論，夜空應該如白晝一樣明亮。不過，這個結論並不符合觀察事實，我們看到的夜空是黑暗的，所以奧伯斯宣布這是一個需要解決的悖論。

　　事實上，早於奧伯斯幾百年之前，已經有人提出過這個問題。第一次提出的人是 16 世紀的英國天文學者托馬斯·迪格斯（Thomas Digges）。迪格斯還給出一個現在看來錯誤的解釋，他認為夜空黑暗的原因是因為天體互相遮擋。之後的克卜勒（Johannes Kepler）和哈雷（Edmond Halley）也思考過這個問題，但均未給出令人滿意的答案。

　　不過，這個物理系學生仍然不想認輸，聳聳肩膀對奧伯斯說：「你在計算中假設恆星是均勻分布的，這點太不符合事實了，從我們所見天空的星象圖看起來，星體的分布顯然非常不均勻……」

　　奧伯斯回答道：「所謂均勻是從宇宙學的尺度而言。你看，宇宙是如此的浩瀚巨大，太陽只不過是億萬個恆星中的一個，在統計意義上，巨觀尺度來看，可以認為宇宙是均勻和各向同性的。這是宇宙學家們的假設，被稱為『宇宙學原理』……」

　　該物理系學生終於無話可說了。的確如此，從巨觀尺度看宇宙，就像我們從宏觀角度觀察一小杯牛奶一樣。牛奶看起來不也是均勻和各向同性的嗎？學生又記起了中學物理老師介紹過的「亞弗加厥常數」，那是個很大的數目（6.022×10^{23}），表示「1 莫耳」任何物質中包含的分子數。很小一杯水就有好幾莫耳分子，由此可匯出一杯牛奶中包含了龐大數目的分子和原子。但是，如果想像有某個只能看得見原子和分子級別的微觀生物，從它的小範圍角度進行觀察的話，只能看見一個一個分離散開的原子和電子，是看不出這種巨觀尺度的均勻性的。

　　看來這個「黑夜悖論」的根源是來自於「宇宙無限」的模型，那就是說，如果假設宇宙是有限的，就有可能解釋奧伯斯悖論了。

　　令人驚奇的是，第一個用這種有限宇宙圖景來解釋黑夜悖論的，不是天文學家，也不是物理學家，而是大名鼎鼎的美國詩人愛倫・坡（Edgar Allan Poe）。愛倫・坡 40 年短暫的一生被貧窮、痛苦、黑暗所籠罩。他兩歲喪母，壯年喪妻，賭博和酗酒貫穿他的悲慘人生，最後也成為他早逝的原因。愛倫・坡以其充滿黑暗和恐怖色彩的詩歌和小說作品享譽世界。說句玩笑話，也許正因為愛倫・坡來自黑暗，吟唱、書寫黑暗，才最了解「黑夜」的原因。愛倫坡離世的前一年，破天荒地在教會發表了一個驚世駭俗的演講，之後整理成文，丟擲一篇長達 7 萬字的哲理散文詩〈我發現了〉（*Eureka*），其中描述了愛倫・坡的宇宙觀，解釋了「黑夜悖論」。儘管愛倫・坡的解釋是從神學的觀點出發，並非科學，但聽起來與如今大霹靂宇宙模型似乎有異曲同工之妙。

　　〈我發現了〉中用這樣一段話來解釋夜空黑暗的原因：「星若無窮盡，天空將明亮。仰望銀河，君可見背景片片無點狀？夜空暗黑，原因僅此一椿。光行萬里，發於恆星之初創。抵達地球未及時，只因路遙道太

長。」

　　根據愛倫·坡的解釋，夜空沒有被照亮是因為遙遠恆星的光還沒來得及到達地球，這個說法暗含了星體和宇宙皆為動態，並且年齡有限的假設。現代宇宙學也基本上是如此解釋奧伯斯悖論的。

　　現代科學對黑夜悖論的解釋中涉及了大霹靂模型，本書後面幾章中將作更詳細的介紹。根據這個模型，宇宙大約開始於 137 億年之前。星體形成於大霹靂後 10 億年左右。因為光速是有限的，光傳播到地球上需要時間，因此地球上的觀測者只能觀察到有限年齡的宇宙。宇宙在時間上的有限也限制了我們可觀測到的空間距離，也就是說，在地球上無法看到 137 億光年之外的星星。正如愛倫·坡所說的那樣，因為遠處的星光還沒有來得及到達我們這裡！所以，我們能夠看到的星星數目是有限的，這就使得我們不會在任何觀測角度都能看到星星，因而使得天空的背景不是那麼亮，而是呈現「黑暗」一片。

　　也就是說，我們觀察到的星空，不是完全像圖 2-2-1 所描述的，無窮均勻宇宙中一個個接連不斷延續至無限遠的殼層。我們仍然可以用立體觀測角中的殼層來計算總亮度，見圖 2-2-2。但是，和使用無限宇宙模型時有所不同，觀測範圍不會無限延續下去，因為圖 2-2-2 中所示這些殼層所代表的是宇宙按照時間一步一步向「大霹靂」回溯，倒退的時間是有限的，最多只能退到大霹靂發生的那個奇異點（137 億年）。所有的這些「過去」殼層傳播到地球的光度的總和，構成了我們現在看到的天空。

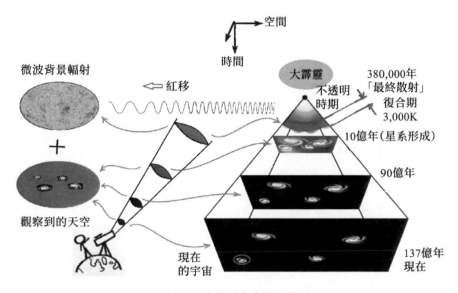

圖 2-2-2 大霹靂和光譜紅移

　　不過，大霹靂模型似乎又引起了另一個「悖論」。根據大霹靂理論，極早期的宇宙對電磁波是不透明的，沒有光線能夠傳遞出來，見圖 2-2-2 中大霹靂最開始的一小段。然而，大約在大霹靂後 38 萬年，溫度降低到 3,000K 時，電子和原子核開始複合成原子，光子被大量原子反覆散射。這段被稱為「最終散射」的時期，遠在星系形成之前（星系形成是在爆炸後 10 億年左右）。因為星系尚未形成，宇宙是均勻而亮度極強的一團。這段時期強大的光輻射，是否會使得我們的夜空看起來顯得分外明亮呢？

　　以上的問題很容易被宇宙膨脹而引起的光譜紅移（請參考第七章）所解決。來自「最終散射」時期的光輻射，確實對我們的天空貢獻巨大，但是由於宇宙不斷膨脹的緣故，這些「古老的光波」已經紅移到了微波波長的範圍。它們已經不是可見光，無法照亮夜空。這些大霹靂的

餘暉，在 1964 年被兩位美國無線電天文學家用無線電裝置偶然探測到，他們將其稱為「微波背景輻射」。從那時候開始，微波背景輻射成為天文學家們探測宇宙演化歷史的重要手段。

紅移效應不僅僅使得「最終散射」時期的光波變成了微波背景輻射，也使得所有從遙遠星系傳播到地球的光波譜線向長波、低頻段移動，這種效應加強了「暗夜」的效果。

也可以說，夜空的確明亮並不「黑暗」，前提是如果我們的眼睛能夠看到微波的話。

3. 引力悖論 ─────

　　引力悖論和黑夜悖論類似，也是因為經典宇宙學中有關無限的理論矛盾引起的。牛頓宇宙時間空間都無限的理論使我們自然而然地得到了如下一個不可能的結果：

　　引力在宇宙空間的每一個點上都將無限大，無限大的引力作用於任何物體，因而每一個物體都將獲得無限大的加速度。這與事實相違背，稱之為引力悖論。

　　引力佯謬也叫本特利（Bentley）悖論[9]，因為它最開始是由與牛頓同時代的一個年輕神學家木特利（Richard Bentley）提出來的。當年（1692 年）的本特利剛剛 30 歲出頭，年紀輕輕便成為基督教的布道者。本特利喜歡用牛頓的理論來反對無神論者，因為牛頓的體系符合基督教教義，揭示出了一個穩定、無限、和諧運轉的宇宙。為此他寫信向牛頓請教一個心中的疑問：如果宇宙是無限的，而重力又總是表現為吸引力，那麼，所有物質最終應該被吸引到一起，無限大的引力是否將使得整個世界產生爆炸或撕裂？

　　本特利的信雖然措辭溫和、禮貌有加，但問題本身卻將了牛頓一軍。在給本特利的回信中，牛頓不得不承認自己的理論在這個問題上產生了悖論，但他將答案交於上帝，牛頓在信中說：「需要一個持續不斷的奇蹟來防止太陽和恆星在重力作用下跑到一塊兒」，他又說：「行星現有運動不僅僅由於某個自然的原因，而是來自於一個全能主宰的推動。」

　　引力悖論揭示出將引力理論應用到整個宇宙時所產生的矛盾。可以

以地球為中心來分析這個問題。因為宇宙是無限的，類似於「黑夜悖論」的說法，在任何一個方向，都有無限多的星球在吸引著地球，總引力的合力無限大。不過，引力的情況與光照的情形不同的是，在與立體角相反的方向上，也有無限多的星球是在往反方向吸引地球。兩個無限大的力相減，結果似乎不確定。

引力悖論也常常被稱為澤利格悖論，得名於距離牛頓 200 年之後的德國天文學家澤利格（Hugo von Seeliger）。澤利格認為 [10]，即使兩個相反對頂立體角的引力互相抵消了，有可能使得合力為零，但場中的引力位能也並不會為零，而是趨向無窮大。

從數學上來說，既然宇宙從整體看來是均勻和各向同性的，那麼我們可以用一個均勻各向同性的實心物質球為模型來研究引力悖論。將萬有引力定律應用於實心球模型，解帕松方程式，並進行一些簡單代數運算。在實心球的內部中心點，可得到引力的合力為零。但引力位能並不為零，引力位能與實心球的半徑（即宇宙的半徑 $R_{宇宙}$）成正比，對無限宇宙而言，引力位能便趨向無窮大，因而整個宇宙將是不穩定的，並很快塌縮。

按照當時人們的想法，維持一個靜態而穩恆的宇宙很重要。因此，澤利格曾試圖修改牛頓引力公式來解決這個矛盾，可終究未能成功。廣義相對論建立之後，也面臨著同樣的問題。這就使得愛因斯坦在 1917 年在重力場方程式中加進了宇宙常數一項，愛因斯坦以為這樣就能得到宇宙的靜態解。但就在同一年，荷蘭物理學家德西特（Willem de Sitter）證明加上了宇宙常數的重力場方程式不僅有靜態解，也有動態解。再後來傅里德曼（Alexander Friedmann）指出愛因斯坦的靜態解是不穩定的，宇宙是膨脹的。愛因斯坦一開始懷疑傅里德曼算錯了，直到哈伯的觀測結

果證實宇宙的確在膨脹，他又感覺後悔莫及。

　　總之，引力悖論也是起源於牛頓的靜止、穩態、無限大的宇宙圖景。大霹靂學說認為時間有起點，引力傳播需要時間，從而限制了「可觀測宇宙空間」的無限。

4. 熱寂悖論 ——

　　除了我們已認識到的兩大宇宙學悖論外，還有與熱力學第二定律直接相關的熱力學悖論，亦即宇宙熱寂說。

　　熱寂說最先由克耳文男爵提出。克耳文男爵原名叫威廉・湯姆森（William Thomson），是一位在北愛爾蘭出生的英國數學物理學家和工程師。他是熱力學的奠基人之一，他建立了熱力學中的絕對溫標，和克勞修斯（Rudolf Clausius）各自提出熱力學第二定律。為了紀念他對熱力學的貢獻，絕對溫度的單位以其命名，稱為「克耳文」（符號為 K）。在工程技術中，湯姆森解決了長距離海底電纜通訊的一系列理論和技術問題，並且在 1858 年協助裝設了第一條大西洋海底電纜。英國政府因此封他為爵士，並於 1892 年晉升為克耳文勳爵，克耳文這個名字才從此開始被人們所熟知。

　　熱力學中有 4 個定律（分別稱為第零、第一、第二、第三），其中的第二定律與系統演化的方向性有關。克耳文將熱力學第二定律用於宇宙，從而推論出熱寂說的假說 [11]。

　　熱力學第二定律並不神祕，敘述的是一個我們日常生活中司空見慣的事實：在一個孤立系統中，熱量總是從高溫物體傳遞到低溫物體，比如圖 2-4-1（a）所示的小冰塊放入水中後，熱量從 80℃ 的水傳遞到 0℃ 的冰塊，使其融化最後達到熱平衡，成為一杯 60℃ 的水。這個過程是不可逆的，意思就是說，反過來的過程絕對不會自動發生。有誰見過放在桌子上的一杯溫水，會突然自動凍成冰塊？

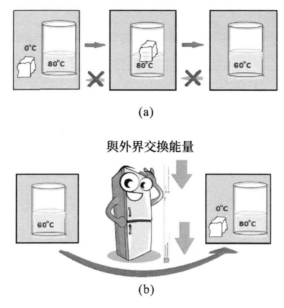

圖 2-4-1 熱傳導是不可逆過程
（a）孤立系統；（b）非孤立系統

　　也可能有讀者會思索：夏天結冰的事也並非沒有啊，廚房裡的冰箱不都天天結出霜來嗎？的確是這樣，但這已經不是我們物理中在敘述熱力學第二定律時所強調的「孤立系統」了。如圖 2-4-1（b）所示，加進一個電冰箱後的「非孤立系統」從外界得到能量來對系統做功，強迫熱量「反其道而行之」，從低溫物體傳向高溫物體，逆過程方能實現。也就是說，根據熱力學第二定律，一個孤立系統將自動地走向熱平衡而不會反過來。一杯熱茶放在房間裡會逐漸將熱量散發到空氣中而變冷，卻從來沒有人看見過一杯冷水會自動從房間空氣中吸取熱量而沸騰起來。孤立系統的最終結果是系統中所有部分的溫度達到均衡。

　　為了給予熱力學第二定律更好的數學表述，物理學家們在系統中引入了「熵」的概念，這個看起來有點古怪的名詞，足以令人望而生畏。

所謂熵，描述的是系統「無序」的程度。何謂無序？何謂有序？用例子來說明：歡度節日的人們擠在廣場上觀賞煙火，萬頭鑽動，爭先恐後，可算是一種「無序」；國慶節的閱兵典禮，士兵們踏著整齊的步伐走過，左看右看都整齊，那是「有序」。雪花結成各種六角形圖案，比隨意聚在一起的水分子更為「有序」。

如果將宇宙也當作一個「孤立」系統，會有什麼結果呢？宇宙的熵會隨著時間的流逝而增加，由有序走向無序，當宇宙的熵達到最大值時，宇宙中的其他有效能量已經全數轉化為熱能，所有物質達到熱平衡，這種狀態稱為熱寂。這樣的宇宙中再也沒有任何可以維持運動或是生命的能量存在，最終結果是沒有變化、死寂一片。但是，宇宙熱寂的錯誤結論是因為錯誤地將宇宙當成了一個「封閉孤立系統」，這就是宇宙學的熱力學悖論。

系統的「熵」可以描述系統無序的程度。因此，系統越是無序，熵的數值便越大。在圖 2-4-2（a）中，畫出了 3 個簡單系統從有序到無序的過渡。在這 3 種情形下，都是左邊的狀態比右邊的狀態更為「有序」，因此，左邊狀態具有的「熵」值更小。孤立系統總是從有序到無序，系統的熵只增不減，因此熱力學第二定律也被稱為熵增加定律。

但熵增加定律無法隨便用於無限的宇宙，也無法將宇宙作為一個孤立系統來處理。對非孤立系統而言，系統的狀態並非總是從有序到無序。圖 2-4-2（b）中所舉的地球上生命的進化過程以及宇宙中恆星演化，最後引力塌縮到白矮星、中子星或黑洞的過程，都是與熱力學第二定律所預言的方向相反：從無序到有序的過程。宇宙的未來如何？是否仍然有走向熱寂的可能性？這也是現代宇宙學的研究課題之一。

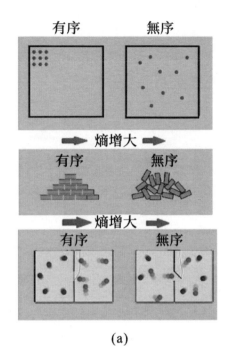

(a)

圖 2-4-2 孤立系統和非孤立系統的熵

（a）孤立系統的熵總是增加；（b）地球上生命演化過程和宇宙中恆星演化過程卻是從無序到有序

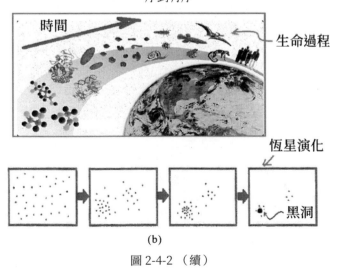

(b)

圖 2-4-2 （續）

第三章
有關無限的數學悖論

　　牛頓宇宙學中的三個經典悖論都和宇宙「無限」的概念連繫在一起。實際上，「無限」包括無限大和無限小，都是數學家和邏輯學家喜歡玩的遊戲，並不一定對應任何實際生活中的物理實在。不過，因為理論物理與數學的關係太密切，「無窮」這個「鬼」，已經隨著數學大搖大擺地進入到物理學的地盤，使得物理學家們不得不重視和研究它。據說著名數學家希爾伯特（David Hilbert）曾經說過一句警句式的名言：「儘管數學需要無窮大，但它在實際的物理宇宙中卻沒有立足之地。」那麼，數學家們是如何理解「無窮」的？下面幾節將從介紹幾個數學和邏輯中與「無窮」有關的典型悖論開始。本章只有有趣的數學思想，並無公式，不感興趣的讀者可以直接閱讀第四章。

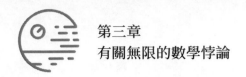

1. 悖論、佯謬知多少 ————

　　佯謬和悖論在英語中是同一個詞：paradox，而在中文中這兩個詞的意思稍有不同，筆者喜歡中文語境下這兩個詞的微妙區別，用它表明物理佯謬與數學悖論之不同恰到好處，儘管許多時候這兩個詞被人們交叉使用。

　　中文中的「悖論」，一般指因為數學定義不完善，或邏輯推理的漏洞而匯出了互為矛盾的結果。比如著名的「理髮師悖論」。傳說有一個理髮師，將他的顧客集合定義為城中所有「不幫自己理髮之人」。但某一天，當他想幫自己理髮時卻發現他的「顧客」定義是自相矛盾的。因為如果他不幫自己理髮，他自己就屬於「顧客」，就應該幫自己理髮；但如果他幫自己理髮，他自己就不屬於「顧客」了，但如果他幫自己理髮，又是顧客，到底自己算不算顧客？該不該幫自己理髮？這邏輯似乎怎麼也理不清楚，由此而構成了「悖論」。

　　理髮師悖論實際上等同於羅素悖論。英國哲學家及數學家伯特蘭·亞瑟·威廉·羅素（Bertrand William Russell）提出的這個悖論當時在數學界引起軒然大波，或者稱之為引發了第三次數學危機，因為那時的數學家們正在慶幸康托爾（Georg Cantor）的「集合論」解決了數學的基礎問題，沒想到這個基礎之基礎自身卻裂了一大道縫隙。

　　數學的三次危機都可以說是與悖論連繫在一起的。第一次數學危機可追溯到古希臘時代的希帕索斯悖論，起因於研究某些三角形邊長比例時發現的無理數，洩露這個「怪數」的學者希帕索斯（Hippasus，大約

生於西元前 500 年）被他的同門弟子扔進大海處死。第二次危機則與芝諾悖論及貝克萊悖論有關，基於對無窮小量本質的研究，它的解決為牛頓、萊布尼茲（Gottfried Wilhelm Leibniz）建立的微積分學奠定了基礎。畢達哥拉斯學派在淹死了希帕索斯之後，意識到自身的錯誤，被迫承認了無理數，並提出了「單子」，它有點類似「極小量」的概念。不過，這個做法卻遭到了詭辯數學家芝諾（Zeno）的嘲笑，他丟出一個飛毛腿阿基里斯永遠也追不上烏龜的「芝諾悖論」，令歷代數學家們反覆糾結不已。牛頓發明微積分之後，雖然在實用上頗具優勢，但理論基礎尚未完善，貝克萊等人便用悖論來質疑牛頓的無窮小量，將其稱之為微積分中的「鬼魂」。

因為前兩次數學危機的解決，建立了實數理論和極限理論，最後又因為有了康托爾的集合論，數學家們興奮激動，認為數學第一次有了「基礎牢靠」的理論。

然而，當初康托爾的集合論對「集合」的定義太原始了，以為把任何一堆什麼東西放在一起，只要它們具有某種簡單定義的相同性質，再加以數學抽象後，就可以叫做「集合」了。可沒有想到如此「樸素」的想法也會導致許多悖論，羅素悖論是其一。因此，這些悖論解決之後，人們便將康托爾原來的理論稱為「樸素集合論」。

實際上，集合可以分為在邏輯上不相同的兩大類，一類（A）可以包括集合自身，另一類（B）無法包括自身。可以包括自身的，比如說圖書館的集合仍然是圖書館；無法包括自身的，比如說全體自然數構成的集合並不是一個自然數。

顯然一個集合不是 A 類就應該是 B 類，似乎沒有第三種可能。但是，羅素問：由所有 B 類集合組成的集合 X，是 A 類還是 B 類？如果你

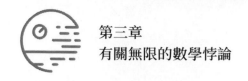
說 X 是 A 類，則 X 應該包括其自身，但是 X 是由 B 類組成，不應該包括其自身。如果你說 X 是 B 類，則 X 不包括其自身，但按照 X 的定義，X 包括了所有的 B 類集合，當然也包括了其自身。總之，無論把 X 分為哪一類都是自相矛盾的，這就是羅素悖論（Russell paradox），即理髮師悖論的學術版本。

還有一個與樸素集合論有關的悖論，叫做「說謊者悖論」（Liar paradox），由它引申出來許多版本的小故事。它的典型語言表達為：「我說的話都是假話」。為什麼說它是悖論？因為如果你判定這句話是真話，便否定了話中的結論，自相矛盾；如果你判定這句話是假話，那麼引號中的結論又變成了一句真話，仍然產生矛盾。

上述這兩個悖論導致了一種「左也不是，右也不是」的尷尬局面。說謊者悖論中的那句話，無論說它是真還是假，都有矛盾；而羅素悖論中的集合 X，包含自己或不包含自己，也都有矛盾。樸素集合論產生的另一個有趣悖論「柯里悖論」（Curry's paradox），與上述兩個悖論有點不一樣，它導致的荒謬結論是「左也正確，右也正確」，永遠正確！

我們也可以用自然語言來表述柯里悖論。比如，我說：

「如果這句話是真的，則馬雲是外星人。」根據數學邏輯，似乎可以證明這句話永遠都是真的，為什麼呢？因為這是一個條件語句，條件語句的形式為「如果 A，則 B」，其中包括了兩部分：條件 A 和結論 B。這個例子中，A＝這句話是真的，B＝馬雲是外星人。如何證明一個條件語句成立？如果條件 A 滿足時，能夠得出結論 B，這個條件語句即為「真」。那麼現在，將上述的方法用於上面的那一句話，假設條件「這句話是真的」被滿足，「這句話」指的是引號中的整個敘述「如果 A，則 B」，也就是說 A 被滿足意味著「如果 A，則 B」被滿足，亦即 B 成立。

也就得到了 B「馬雲是外星人」的結論。所以，上面的說法證明了此條件語句成立。

但是，我們知道事實上馬雲並不是外星人，所以構成了悖論。此悖論的有趣之處並不在於馬雲是不是外星人，而是在於我們可以用任何荒謬結論來替代 B。那也就是說，透過這個悖論可以證明任何荒謬的結論都是「正確」的。如此看來，這個悖論實在太「悖」了！

以上三個悖論都牽涉到「自我」指涉（self-reference）的問題。理髮師不知道該不該幫「自己」理髮？說謊者聲稱的是「我」說的話。產生悖論的關鍵是「這句話」的語義表達中包括了條件和結論兩者。看起來，柯里悖論將自身包括在「集合」中不是好事，可能會產生出許多意想不到的問題，那麼，如果將自身排除在集合之外，悖論不就解決了嗎？也許問題並非那麼簡單，但總而言之，這些悖論提醒數學家們重新考察集合的定義，為它制定了一些「公理」作為其他框架，從而使得康托爾的樸素集合論走向了現代的「公理化集合論」。

上面只是數學中的幾個簡單悖論，數學中的悖論只和理論自身的邏輯有關，修改理論便可解決。物理中的佯謬除了與理論自身的邏輯體系有關之外，還要符合實驗事實。打個比方，數學理論的高樓大廈自成一體，建立在自己設定的基礎結構之上。物理學中則有「實驗」和「理論」兩座高樓同時建造，彼此相通相連、不斷更新。理論大廈不僅僅要滿足自身的邏輯自洽，還要一同考慮旁邊的實驗大樓，每一層都得建造在自身的下一層以及多層實驗樓的基礎之上。因此，在物理學發展的過程中，既有物理佯謬，也有數學悖論，可能還有一些未理清楚或難以歸類的混合物產生出來，也許這可算是英文中使用同一個單字來表達兩者的優點。

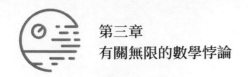

第三章
有關無限的數學悖論

　　前面提到過，數學史上的三次危機以及導致危機的悖論根源，都與連續和無限有關，都是由於無限進入到人的思維領域中而導致思考方法不同而產生的。第一次是從整數、分數擴充到實數，雖然整數和分數在數目上也有無限多，但本質上仍然有別於（小數點後數字）無限不循環的無理數。第二次危機中的微積分革命導致對「無限小」本質的探討，推導總結發展了極限理論。第三次危機涉及的「集合」，顯然需要更深究「無限」的概念。

　　看來，的確如數學家外爾（Hermann Weyl）所說：「數學是無限的科學」。實際上「無限」的概念對物理學和其他科學也至關重要，宇宙是有限還是無限？物質是否可以「無限」地分下去？存在「終極理論」嗎？人類思維有極限嗎？我們（細胞數目）有限的大腦，能真正想通「無限」這個問題嗎？就像小狗永遠也學不會微積分那樣，有些東西對我們人類的大腦來說，是不是也可能是永遠無法認知的？

　　科學研究就是提出和解決悖論、佯謬的過程。正如數學史上悖論引發的三次危機，既是危機又是契機，有力地推動數學的發展，也促進了人類的進步。

2. 芝諾帶你走向無窮小 ——

　　無窮小極限思想的萌芽階段可以上溯到 2,000 多年前。希臘哲學家芝諾（Zeno，約西元前 490 年至 430 年）曾經提出一個著名的阿基里斯悖論，就是古希臘極限萌芽意識的典型展現。而與之對應的是中國古代哲學家莊子亦有類似的見解（圖 3-2-1）。

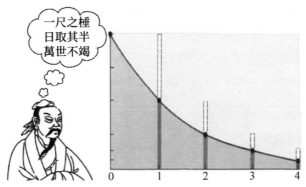

圖 3-2-1 芝諾悖論和莊子的早期極限概念

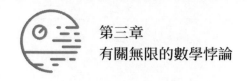
　　阿基里斯是古希臘神話中善跑的英雄人物，參與了特洛伊戰爭，被稱為「希臘第一勇士」。假設他跑步的速度為烏龜的 10 倍。比如說阿基里斯每秒鐘跑 10m，烏龜每秒鐘跑 1m。出發時，烏龜在他前面 100m 處。按照我們每個人都具備的常識，阿基里斯很快就能追上並超過烏龜。我們可以簡單地計算一下 20 秒之後他和它在哪裡？ 20 秒之後，阿基里斯跑到了離他出發點 200m 的地方，而烏龜只在離它自己出發點 20m 處，也就是離阿基里斯最初出發點 120m 之處而已，阿基里斯顯然早就超過了它！

　　但是，從古至今的哲學家們都喜歡狡辯，芝諾說：「不對，阿基里斯永遠都趕不上烏龜！」為什麼呢？芝諾說，你看，開始的時候，烏龜超前阿基里斯 100m；當阿基里斯跑了 100m 到了烏龜開始的位置時，烏龜已經向前爬了 10m，這時候，烏龜超前阿基里斯 10m；然後，我們就可以一直這樣說下去：當阿基里斯又跑了 10m 後烏龜超前 1m；下一時刻，烏龜超前 0.1m；再下一刻，烏龜超前 0.01m、0.001m、0.0001m⋯不管這個數值變得多麼小，烏龜永遠超前阿基里斯。因此，阿基里斯不可能追上烏龜！

　　正如柏拉圖所言，芝諾編出這樣的悖論，或許是興之所至而開的小玩笑。芝諾當然知道阿基里斯能夠捉住烏龜，但他的狡辯聽起來也似乎頗有道理，怎樣才能反駁芝諾的悖論呢？

　　再仔細分析一下這個問題。將阿基里斯開始的位置設為零點，那時烏龜在阿基里斯前面 100m，位置＝ 100m。我們可以計算一下在比賽開始 100/9 秒之後阿基里斯及烏龜兩者的位置。阿基里斯跑了 1000/9m，烏龜跑了 100/9m，加上原來的 100m，烏龜所在的位置＝ 100/9m ＋ 100m ＝ 1000/9m，與阿基里斯在同一個位置，說明這時候（100/9 秒）阿基里

斯追上了烏龜。不過是 11 秒加 1/9 秒而已。但是，按照悖論的邏輯，將這 11 秒加 1/9 秒的時間間隔無限細分，好像給我們一種這段時間永遠也過不完的印象。就好比說，你有 1 小時的時間，過了一半，還有 1/2 小時；又過了一半，還有 1/4 小時；又過了一半，你還有 1/8 小時；1/16 小時、1/32 小時……一直下去，好像這後面半小時永遠也過不完。這當然與實際情況不符。事實上，無論你將這後半小時分成多少份，無限地分下去，時間總是等速流逝，與前半小時的流逝過程沒有什麼區別。因此，阿基里斯一定追得上烏龜，芝諾悖論不成立。

不過，從純數學的角度來看，芝諾悖論本身的邏輯並沒有錯，因為任何兩點之間都有無數個點，都可以分成無限多個小段。阿基里斯追烏龜是一個極限問題，即使從現代數學的觀點，對於潛無限而言，極限是個無限的、不可完成的動態過程。因而，仍然有人認為，僅從邏輯的角度，這個悖論始終沒有完全解決，阿基里斯永遠追不上烏龜。

繼芝諾之後，阿基米德對此悖論進行了頗為詳細的研究。他把每次追趕的路程相加起來計算阿基里斯和烏龜到底跑了多遠，將這問題歸結為無窮級數求和的問題，證明了儘管路程可以無限分割，但整個追趕過程是在一個有限的長度中。當然，對我們而言，這個無窮等比級數求和已經不是個問題，學過高中數學就能得出答案。但對 2,000 多年前的阿基米德來說，還是極富挑戰性的。

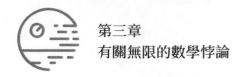

3. 希爾伯特旅館悖論 ——

　　符合牛頓所說的「無限」而又靜止，且訊息以無限大速度傳播的宇宙引出不少悖論，比如之前所介紹的黑夜悖論和引力悖論。

　　當這些有關宇宙是否無窮的問題令物理學家們頭疼的年代，數學家們卻正在欣賞「無窮」的美妙。古代與中世紀哲學著作中記載過關於無限的思想。西元前 1,000 年左右的印度梵文書中說：「如果你從無限中移走或新增一部分，剩下的還是無限。」不久前才發現並解讀的古希臘羊皮書中的記載表明，古希臘的阿基米德就已經進行過與無窮大相關的計算。

　　康托爾於 1874 年在他有關集合論的第一篇論文中提出的「無窮集合」概念，引起數學界的極大關注，震撼了學術界。康托爾還匯出了關於數的本質的新思考模式，建立了處理數學中的「無限」的基本技巧。因此希爾伯特說：「沒有人能夠把我們從康托爾建立的樂園中趕出去。」

　　為了更好地解釋無限集合與有限集合的區別，希爾伯特在他於 1924 年 1 月舉行的一次演講中，舉了一個有趣的具有無窮多個房間的「希爾伯特旅館」的例子，下面是根據希爾伯特的說法編出來的故事。

　　鮑勃是芝加哥大學的學生，聖誕節快到了，他從芝加哥開車回家到波士頓。原本計劃一天開到的，傍晚 8 點左右，鮑勃覺得太累了，還得開 4 小時左右才能到達呢。於是，鮑勃來到紐約一個小鎮，決定找個旅館住一晚再說。不過不知道為什麼，今天這個小鎮上好像很熱鬧，鎮上大大小小的旅館都客滿了。鮑勃正要開車上高速公路去下一個地點找住處，卻被一條醒目的廣告吸引住了：「已經客滿，但永遠接收新客人，因

為我們是希爾伯特無限旅館！」鮑勃看不懂這句話是什麼意思，但既然這個旅館還可以接收新客人，就去試試吧。旅館經理很高興地為鮑勃辦理了入住手續，將他安排在 1 號房間。鮑勃很好奇地問經理：「不是客滿了嗎？為什麼 1 號又是空的呢？」於是，經理興致勃勃地向鮑勃解釋他的這個「希爾伯特無限旅館」。

　　希爾伯特旅館與別的旅館不同的地方是：它的房間數目是無限多。其他的旅館如果客滿了，那就無法再接收新客人了。可房間數目無限多的旅館不一樣，「客滿」不等於「不能接收新客人」！鮑勃瞪大眼睛，似懂非懂。

　　經理採取的辦法是，將原來 1 號房間的客人移到 2 號房間，2 號房間的客人移到 3 號房間，3 號房間的客人移到 4 號房間，讓他們一直移下去……就像圖 3-3-1（a）所表示的那樣。

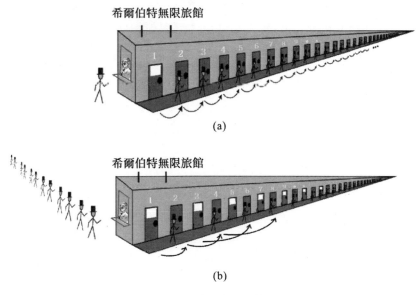

(a)

(b)

圖 3-3-1 希爾伯特旅館

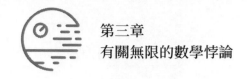
「這樣一來，你不就可以住進 1 號房間了嗎？」經理笑嘻嘻地說。

鮑勃對此產生了興趣，思考幾分鐘，他好像突然若有所悟：「你的辦法的確有趣……不過，既然如此，何必興師動眾地移來移去多此一舉呢，把我安排到最後那個房間不就好了嗎？」

經理笑了：「看來你還沒有明白啊！你能說出最後那個房間是多少號嗎？這就是無限大與一般有限數目的區別啊。」

鮑勃似乎明白了，對無限多的房間，最後那個房間哪有號碼呢？如果有的話不就是有限了嗎？

經理又繼續向鮑勃介紹他的無限旅館，說這種旅館不僅僅可以繼續接收像鮑勃這樣一個一個來報到的新客人，即使是一次來了「無限多」個（可數）的客人，他也有辦法讓他們住進來，就像圖 3-3-1（b）所畫的那樣。對無限多個新客人，經理將原來 1 號房間的客人移到 2 號房間，2 號房間的客人移到 4 號房間，3 號房間的客人移到 6 號房間，也就是說，將原來第 n 號房間的客人移到第 $2n$ 號房間去……這樣移動的結果將會空出所有的奇數號碼的房間，也就是無限多個房間，這樣便能住下無限多新來的客人了。

「還可以繼續下去，即使是同時來了無限多輛汽車，每輛都載了無限多個客人，我也有辦法解決他們的住房問題，我讓……」經理又滔滔不絕地說了一大堆。

這時，經理的電話鈴響了，原來是他的老闆提醒他，說他剛才對顧客的最後一段解釋不夠嚴謹。「無窮多」輛車，每輛車還有「無窮多」個人的情況不是那麼好辦的，要加上一些條件：這些人要是可數的，預先按座位進行編號。於是，經理眨眨眼睛，繼續向鮑勃解釋：「這無窮大的學問很大，無限大可以進行分類，是用『勢』來比較大小，跟你解釋一

整天也解釋不完啊！」

鮑勃徹底服了，心想這個旅館的經理和老闆原來都是數學家啊。想到數學，鮑勃才記起歷史上有個名字叫做希爾伯特的大數學家，好像有個什麼旅館悖論以他命名。

鮑勃說：「這是不是叫做希爾伯特悖論啊？」

經理說：「是有這麼個說法，但這並不是什麼悖論，數學邏輯上並無矛盾之處。只是充分說明了無限集合的性質與有限集合的性質完全不相同。」

鮑勃想起了著名的芝諾悖論，認為數學家都喜歡狡辯。不過鮑勃也喜歡狡辯，他對經理說：「你這個『無限』，不過是個數學上的概念，它與事實是不符合的。你看，你這個旅館占地面積有限，怎麼可能容納下無限多個房間呢？就算不是邏輯上的悖論，也可算是一個與實際情況不符的『佯謬』吧。」

經理哈哈大笑：「你又錯了吧，占地面積雖然有限，往空中可是能無限發展啊……不管怎麼樣，趕快去你的 1 號房間休息吧。」

鮑勃在學校修了一門很難的物理課，老師講到「狄拉克海」。鮑勃記起那位教授當時對真空狄拉克海的描述和這裡的無限旅館永遠能接收新客人的概念有某些類似的地方。鮑勃好像有所感悟，「無限大」集合加上一些元素，還是「無限大」集合。「狄拉克海」就是這麼一個無限大的電子海洋，加上幾個電子，減少幾個電子，絲毫不影響這個無限大真空的性質。

鮑勃躺到床上，迷迷糊糊進入夢鄉，腦袋中還在轉悠著「有限」、「無限」……「有限能容納無限嗎？」鮑勃在夢中被另一個悖論纏住，它就是托里拆利小號悖論。

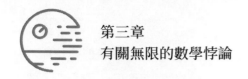
托里拆利小號如圖 3-3-2 所示的形狀。它是由 $y\ \square\ 1/x$ 的曲線繞 y 軸旋轉而成的。用微積分很容易計算它的總體積和總表面積。總體積收斂到一個有限數 π，但總表面積卻發散，趨向無窮大。

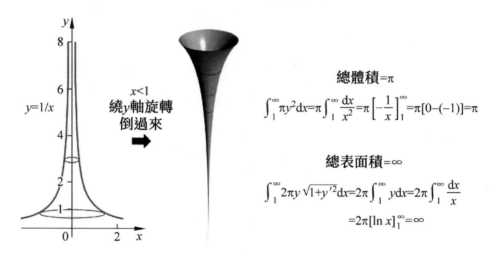

$$\text{總體積}=\pi$$
$$\int_1^\infty \pi y^2 \mathrm{d}x = \pi \int_1^\infty \frac{\mathrm{d}x}{x^2} = \pi\left[-\frac{1}{x}\right]_1^\infty = \pi[0-(-1)]=\pi$$

$$\text{總表面積}=\infty$$
$$\int_1^\infty 2\pi y\sqrt{1+y'^2}\,\mathrm{d}x = 2\pi\int_1^\infty y\,\mathrm{d}x = 2\pi\int_1^\infty \frac{\mathrm{d}x}{x}$$
$$=2\pi[\ln x]_1^\infty = \infty$$

圖 3-3-2 托里拆利小號

某小號手請了一位油漆工來油漆他的托里拆利小號的內表面。有趣的是兩人都喜歡數學，都對數學有一定的研究。油漆工很狡猾，要價頗高，理由是這種小號的表面積是無窮大，理論上需要消耗無窮多的油漆才能漆好它。小號手則辯解道：「怎麼可能需要無窮多的油漆呢？你看，整個小號的體積是有限的，小號像一個杯子一樣，用等於小號體積那麼多的油漆將小號裝滿，就能將所有內表面都油漆到了。所以，最多也就只是用體積這麼多的油漆就足夠了。」

讀者您認為小號手和油漆工誰更有理呢？

也許希爾伯特的名言不無道理，數學上才需要無窮大，實際發生的物理現象中難有無窮。

4. 缸中之腦

　　無限的概念與哲學思想密切相關。中國古代有位哲學大師莊子（西元前 369 至前 286 年），或稱莊周，就非常善於觀察周圍世界中的科學現象，並提出一系列有意義的問題。莊子對「宇宙」一詞的定義：「有實而無乎處者，宇也；有長而無本剽者，宙也。」可翻譯為：「有實體但不靜止於某處，叫做宇；有外延但無法度量，叫做宙。」顯然給出了一副無限而動態的宇宙圖景。

　　莊子不僅是著名哲學家和思想家，也是文學家。莊周善於用短小精悍又文字優美的寓言故事來表達深刻的哲理。諸如莊周夢蝶、混沌開竅、庖丁解牛、惠子相梁、螳螂捕蟬等都是出色的例子，其中莊周夢蝶的故事（圖 3-4-1（a））與我們本節要介紹的悖論有關。

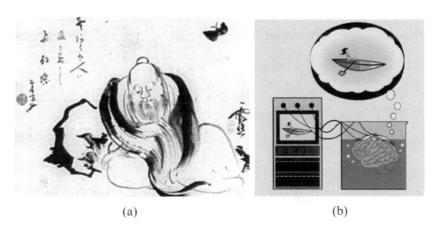

(a)　　　　　　　　　　　　　　　(b)

圖 3-4-1 大腦的感覺真實嗎
（a）莊周夢蝶；（b）缸中之腦

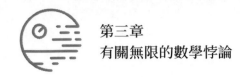
有一天莊子做夢，夢見自己變成了一隻翩翩起舞、快樂無比的蝴蝶，夢醒之後他發現自己仍然是僵臥在床的莊子。於是莊子提出一個發人深省的疑問：我到底是蝴蝶還是莊周呢？也許我本為蝴蝶，在夢中變成了莊周。但也可能我本為莊周，在夢中變成了蝴蝶。這兩種情形哪一個是真實的？繼而聯想到思考生與死、物和我的微妙界限，我們真的能夠區分它們嗎？

僅寥寥數言，莊子的描述唯妙唯肖、妙趣橫生，因而常被文學家、哲學家們引用。後人對這個短短的故事有各種不同的詮釋，甚至在現代科學中也有一個絕妙的類比。

距離莊周的時代過去2,000多年之後，1981年，美國哲學家希拉里·普特南（Hilary Putnam）寫了一本書：《理性，真理和歷史》（*Reason, Truth, and History*），書中敘述了一個被稱為「缸中之腦」的思想實驗，與「莊周夢蝶」有異曲同工之妙，實驗的大意如下：

從現代科學的角度，人所感知的一切都將經過神經系統傳遞到大腦。那麼，有瘋狂科學家便作如此設想：如果將一個人大腦皮質中接收到的所有訊號，透過電腦和電子線路傳送到另一個大腦，情形將會如何呢？這第二個大腦是放在一個裝有營養液的缸中的，見圖3-4-1（b）。

讓我們將這個思想實驗敘述得更為具體一些。白天，一個人進行各種活動：划船、游泳、爬山、跑步、看電視、聽音樂……假設科學家將這十幾小時大腦神經末梢接收到（及傳出去）的訊號全部記錄下來並儲存到電腦裡。當然，實際上這是一個相當複雜的過程，大腦並非只是被動地接收訊號，它還需要分析、處理不同的訊號並發出回饋訊息。但無論如何，這一切都是透過大腦自身以及神經末梢的輸出和輸入來實現的。當然就目前而言，這只是一個「思想實驗」。夜晚到了，科學家將此

人的大腦從頭顱中取出，放入實驗室的缸中。缸裡裝有營養液以維持大腦的生理活性。同時，科學家將原來儲存的白天活動的全部訊息透過人造的神經末梢傳遞到缸中的大腦。大腦回饋發出指令，電腦按照儲存的程序給予回應。如此反覆循環以致實現、完成白天十幾小時內大腦所經歷的整個活動過程。

這顆「缸中之腦」，雖然已經和原來的身體完全沒有關係了，但是它卻自以為有一個「形體」，它在進行跑步、游泳、划船等各種運動，感覺與白天一樣。

我們進一步想像，這個過程可以每天夜以繼日、日以繼夜地重複下去。也就是說，讓這顆「大腦」，白天活在人的頭顱中，晚上「活」在實驗室的缸中。

現在，瘋子科學家提出一個和幾千年前莊子提出的類似的問題：因為「顱中之腦」和「缸中之腦」的體驗是一模一樣的，所以該大腦無法分清楚它是在缸中還是在顱中。從我們傳統「實驗者」的角度來看，顱中之腦認識的世界是「真實」的，缸中之腦認識的世界是虛幻的、模擬的、電腦製造出來的。然而，如果你從「大腦」的角度來思考的話：「兩種情形既然一模一樣，我怎麼知道何時是現實，何時為虛擬呢？」

人類認識世界也是靠著我們頭顱中的這顆「大腦」，所以上面的問題也可以這麼問：我們大腦認識的世界是真實的嗎？該不會是某個「瘋子、惡魔」操縱的惡作劇吧？

或許這個問題根本沒有什麼意義，既然無法判斷我們的大腦是「顱中之腦」還是「缸中之腦」，即使有某個惡魔正在操縱著我們，那又何妨呢？我們照常快快樂樂地活著，早觀滄海日出，晚看人間煙火，生活得開開心心，就讓魔鬼盡情「操縱」好了。只要虛幻一直持續，它和真實

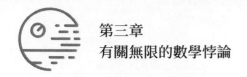
就沒有什麼區別！

何為虛幻，何為真實？不由得使人聯想到量子力學的哥本哈根詮釋。物理學家約翰·惠勒（John Wheeler）可算是哥本哈根學派的最後一位大師，他有一句名言：「任何一種基本量子現象只有在其被記錄之後才是一種現象。」筆者當初乍一聽此話覺得怪怪的，但越仔細推敲越覺得有道理。所有我們認為是客觀存在的物體，山、水、太陽、月亮、房屋、樹木，都不過是來自於大腦的意識。經典理論中，我們將人類所有正常大腦能得到的共同認識，總結並抽象為「客觀實體」。比如說，我們認為月亮是獨立於意識而客觀存在的，只不過是因為每個正常人（生物）都能看到它，太空人甚至還曾經站在它的表面揮動國旗。但是，務必提醒大家注意：這一切仍然難以「證明」月亮獨立於意識而存在，因為「實際」仍然來自於意識，正如缸中之腦不能證明它體會到的「外部世界」的真實存在性一樣。

但無論如何，儘管無法證明，人類仍然可以將這些日常生活中能得到的「共同」體驗稱之為「客觀存在」。因為它們是每個人（包括動物）的感官都能感覺到的東西。不過，人類總是會犯一個同樣的錯誤：常常希望把自己在常識範圍內總結的東西加以推廣，推廣到與他們的日常經驗相違背、難以理解的領域，比如說極小的微觀世界和極大的宇宙範圍。人們往往會錯誤地以為被他們稱為「客觀存在」的東西在那些領域也「真的」客觀存在，並且存在的形式也都「應該」是他們見過的模樣。

但實際上，到了極其微小的量子世界，大多數人的感官無法「感覺到」那些量子現象了，只有少數從事量子研究的物理學家們，從實驗和理論中（最終也是來源於意識的）得出了一些與我們日常生活經驗相悖的規律。但人們卻仍然希望用他們的日常經驗來「理解」和「詮釋」這

些現象，建立符合他們所能感受到的經驗的理論。然而，對尺度完全不同的量子世界，這個要求難以實現，對極大的宇宙範圍的研究也會有類似的問題。

我們人類是否永遠無法越過自身的認知條件而最終無法妄言理解了「客觀世界」？即使存在一個「客觀世界」，這個客觀世界的樣貌在不同的尺度中也將有不同的可能性。

「大腦」分不清自己是在缸中還是在顱中。看看下面圖 3-4-2 這幅艾雪（Maurits Escher）的畫中的青年，他也分不清自己是在「畫廊裡」，還是在自己正在欣賞的「圖畫中」。

1—看畫的青年Bob
2—畫上水城
3—窗邊的貴婦人
4—貴婦人的樓下
5—樓下的畫廊
6—畫廊掛了兩排畫
7—畫廊中站著一個人
8—正在看上排左邊的畫
9—這人就是Bob

Bob正在畫廊裡
自己觀看的畫中

圖 3-4-2 艾雪的〈畫廊〉

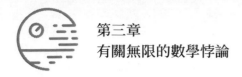

5. 無限猴子定理 ———

　　這是又一個有關「無限」的思想實驗。有人說，如果讓一隻猴子在打字機上隨機地按鍵，當按鍵時間達到無窮時，幾乎必然能夠打出任何給定的文字，甚至是莎士比亞的著作。

圖 3-5-1 無限猴子定理

　　這裡的「猴子」並不是一隻真正意義上的猴子，指的是一個可以產生無限隨機字母序列的抽象裝置。然而，現實中的猴子打出一篇像樣文章的機率是零，因為你會發現猴子完全不能等同於一個隨機數字產生器。真正的猴子敲打鍵盤時的習慣是接連按同一個鍵：「S、S、S……」，一直重複下去，最終打出的是一連串全是「S」的紙。

第四章

學點相對論

愛因斯坦的宇宙學與牛頓的宇宙學有什麼本質上的區別呢？要深入地明白其不同之處，必須學點簡單的相對論。

愛因斯坦對物理學最重要的貢獻：一是對量子力學產生開創作用的對「光電效應」的解釋；二是兩個相對論。前者使愛因斯坦贏得了極大的榮譽，並獲得 1921 年的諾貝爾物理學獎。然而，最使愛因斯坦引為自豪的，卻是他建立的兩個相對論。

1. 狹義相對論 ━━━━

　　相對論和牛頓理論的本質區別，在於對「時空」概念的理解。時間是什麼？空間是什麼？這聽起來像是高深的哲學問題，但實際上，物理定律必須建立在與其相關的概念的基礎上。對這兩個根本問題，很難給出所謂的正確答案，但深刻認識相對論時空與牛頓經典時空的差異，方能正確理解兩種宇宙觀的差異。

　　大家都知道，當我們在討論物體的運動時，必須指明是對於哪一個參照系的運動。你坐在飛機上，相對於地面在運動。而相對於飛機上的座椅，你是靜止的。狹義相對論和牛頓理論都使用參照系，區別在於，牛頓理論隱含了宇宙中有一個「絕對」參照系的假設，相對論的思想則是認為所有的參照系都應該等同。當你坐在一個平穩行駛的船艙中，你體驗到的物理規律與你在靜止的地面上體會到的物理規律沒有任何區別，也就是古人說的「舟行人不覺」，這叫做相對性原理。

　　牛頓的經典理論是建立在絕對時空的基礎上。經典力學中的所謂「空間」，就像是一個無限延展的有固定座標的空架子；所謂時間，就是「擺放在」宇宙中某處、永遠均勻擺動的一個「鍾」。宇宙中所有的物質都「放」在這個絕對的大框架中，互相作用和運動，它們的運動規律用這個絕對空間的座標和表示絕對時間的鍾來描述。

　　從現代物理的觀點來看，牛頓理論中的絕對時空假設顯然是不合理的。哪一個座標系將具有「絕對時空」的資格呢？將地球或太陽作為絕對參考系的地心說或日心說，只能蒙蔽眼光有限的古人。現代科技讓我

們越看越多、越看越遠。縱觀寰宇，地球、太陽系，甚至於銀河系、本星系群，都只能算是宇宙中一個極小的角落，其地位毫無特殊性可言，顯然也不存在某個地位特殊的「絕對時空」。

愛因斯坦的理論否定了絕對時空的存在，故稱之為「相對論」。狹義相對論將時間和空間的概念，統一於一個四維的數學時空框架中，時間和空間不再是絕對而單獨的存在，而是被一個勞侖茲變換互相連繫在一起的整體。

狹義相對論建立在兩條基本原理的基礎上：相對性原理和光速不變原理。需要相對性原理的理由就是不承認牛頓的絕對時空，以及與其相連繫的靜止以太的觀念。當初馬克士威（James Maxwell）和法拉第（Michael Faraday）建立了經典的電磁理論，認為光也是一種電磁波，都透過「以太」這種媒介傳播。但這個理論無法解釋有關以太的種種問題：以太到底是什麼樣的物質？它相對於哪一個座標系而靜止？為什麼邁克生 - 莫雷實驗測量不到以太風？

愛因斯坦屏棄了以太的概念，重新考察時間和空間的本質，天才地解決了這個問題。相對論認為時間和空間是與物質運動息息相關的，比如說到時間，不存在脫離物質的絕對標準時間，只有某一個具體的「原子鐘」所指定的時間。因此，愛因斯坦堅持相對性原理，認為所有相互作等速直線運動的慣性參考系都是等價的。既然是等價的，沒有哪一個參考系具有特殊地位。那麼，馬克士威理論就應該在所有的慣性參考系中都具有同樣的形式，光（或電磁波）在真空中以有限的速度 c 傳播，這是馬克士威理論得出的結論。這個速度 c 從所有的參考系中測量都應該是一樣的，這便是所謂「光速不變原理」，見圖 4-1-1（a）。

圖 4-1-1 中運動的火車相對於站臺的速度是 55m/s，火車上有一個小

偷，在火車上的警察 A 和站臺上的警察 B 同時對這個小偷開槍，首先考慮不是雷射槍而是普通子彈槍的情形（圖 4-1-1（a）的上圖）。假設子彈相對於槍膛的射出速度是 100m/s。根據牛頓力學，計算只涉及簡單的伽利略變換，警察 A 與小偷之間相對靜止，警察 A 射出的子彈射中小偷時的速度為 100m/s。而警察 B 射出的子彈射中小偷時的速度為（100-55）m/s，即 45m/s。如果使用狹義相對論進行計算，公式便不是如上面的計算那麼簡單，需要使用將空間和時間連繫在一起的圖中所示的勞侖茲變換來得到準確的速度。不過，當火車的速度 v 比較起光速 c 而言很小的時候，用狹義相對論計算公式得出的結果與使用牛頓力學計算的結果只有很小的差別。光速 c 等於 299,792,458m/s，比例子中的火車速度 55m/s 大很多，因此在上例中用牛頓力學計算就足夠了。但是，當我們計算天體之運動，或者與發射人造衛星、太空船等相關情況時，便往往會碰到運動速度與光速可比較的情形，那就得考慮狹義相對論，方能得出正確的結果。

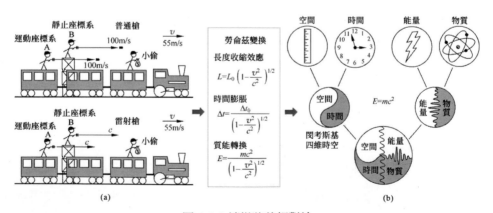

圖 4-1-1 讀懂狹義相對論

（a）光速不變定律；（b）時間空間的統一，物質能量的統一

　　圖 4-1-1（a）的下圖，則是設想兩個警察 A 和 B 使用的是「雷射槍」的情形，由此可以看出光速不變原理在相對論理論中的作用。這種情況下，從槍中發射的不是普通子彈而是雷射光束。那麼，根據光速不變原理，在小偷看來，兩束雷射光都是以同樣的光速運動，打中他的時候的速度都是 c，與光源所在的慣性參考系之運動速度 v 無關，因而稱之「光速不變」。

　　從相對性原理和光速不變原理建立的狹義相對論，不僅將時間和空間統一起來，從時空的勞侖茲變換還推導出許多與牛頓理論完全不同的，看起來匪夷所思的結果。圖 4-1-1 中間框圖中，顯示出了部分有趣的結論。比如說「長度收縮原理」指的是運動的尺相對於靜止的尺而言，長度會變短；「時間膨脹效應」指的是運動的鐘相對於靜止的鐘，時間變慢，著名的「雙生子悖論」與這個現象緊密相關；質能等價關係是質量為 m、速度為 v 的物體的能量的相對論表示式。顯而易見，「長度收縮原理」和「時間膨脹效應」表明空間時間都是相對的，否認了存在牛頓的絕對時空。不過，大家不用擔心，我們平時使用的「尺」和「鐘」仍然有意義，不會因為你坐在飛機上就改變了，因為飛機速度遠遠小於光速，相對論效應完全可以忽略不計。

　　從質能轉換關係還可以得到一個有關光速的重要結論。當物體的速度 v 接近光速的時候，質能關係中的分母變得很小，使得能量 E 的數值變得很大，這意味著，將一個靜止質量 m 不等於零的物體加速到接近光速需要的能量會越來越大，因而在現實上是不可能做到的。所以，光速 c 不僅僅對所有的參考系都是相同的常數，而且也是宇宙中訊息和能量傳播速度的上限。

　　牛頓理論中也研究「光」和「引力」，但認為這些作用的傳播不需要時間，即光速是無限大的。愛因斯坦否定了這種「超距作用」的觀點，認為光速是一個有限的數值，是訊息和能量傳遞的最高速度。由此也可檢驗相對論的正確性。迄今為止，人類尚未觀察到任何超過光速的訊息或能量傳播速度。也就是說，實驗和觀測中，都尚未發現違背狹義相對論的例項。訊息以有限的而不是無限大的速度傳播，這是現代宇宙觀與牛頓宇宙觀的重要區別。光速有限，便限制了我們可觀測到的範圍的大小，這個「可觀測宇宙」一定是有限的，不管那個「真實的客觀存在的宇宙」是否有限。

2. 廣義相對論 ▬▬

　　狹義相對論的基本假設是相對性原理和光速不變。但愛因斯坦很快就認識到這個理論的不足之處，問題是其中的相對性原理只對於互相做等速直線運動的慣性參考系成立。物理規律為什麼對慣性參考系和非慣性參考系表現不一樣呢？慣性參考系似乎仍然具有特殊性，這就有了與當初質疑牛頓的絕對參考系時頗為類似的問題：哪些參考系才是慣性參考系呢？狹義相對論似乎僅僅用「多個」慣性參考系代替了牛頓的「一個」絕對參考系。這仍然不符合愛因斯坦所信奉的馬赫原理，因而他想，原來的相對性原理概念需要擴展並套用到非慣性參考系。

　　愛因斯坦認為，不僅速度是相對的，加速度也應該是相對的，非慣性系中物體所受的與加速度有關的慣性力，本質上是引力的一種表現。因而，引力和慣性力可以統一起來。

　　有趣的是，愛因斯坦的兩個相對論的最初想法，分別來源於他腦海裡的兩個有趣的思想實驗。一個是愛因斯坦 16 歲的時候成天思索的問題：如果我騎在光速上以光的速度前進，會看到些什麼？這個「追光實驗」的想法，最終引導愛因斯坦建立了狹義相對論。愛因斯坦考慮引力問題之時，萌生了另一個思想實驗：如果我如「自由落體」那般下落，會有些什麼樣的感覺？前述的追光實驗是個悖論，因為它描述的情況不可能發生，愛因斯坦不可能以光速運動。而自由落體實驗在現實生活中卻完全可能發生，比如說設想電梯的纜繩突然斷了，電梯立刻變成了自由落體，其中的人會有什麼感覺？這個問題如今不難回答，那就是在許

多遊樂場大玩具中可以體驗到的「失重」感覺。因為那時候，電梯中的人將以 9.8m/s^2 的加速度向下運動。這個加速度正好抵消了重力，因而使我們感覺到失重。

　　加速度可以抵消重力的事實說明它們之間有所關聯。加速度的大小由物體的慣性質量 m_i 決定，重力的大小由物體的引力質量 m_g 決定。由此，愛因斯坦將慣性質量 m_i 和引力質量 m_g 統一起來，認為它們本質上是同一個東西，並由此而提出等效原理。愛因斯坦猜想，等效原理將提供一把解開慣性和引力之謎的鑰匙。

　　愛因斯坦的「自由落體」思想實驗可以用圖 4-2-1 的例子來說明。

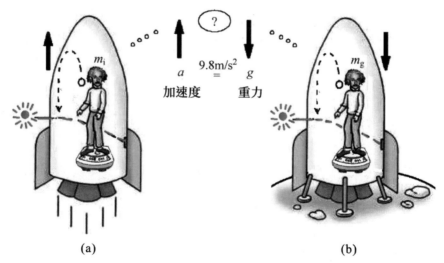

圖 4-2-1 愛因斯坦說明等效原理的思想實驗
（a）太空中；（b）地球上

　　圖 4-2-1（a）中，宇宙飛船在太空中以加速度 9.8m/s^2 上升，太空中沒有重力；圖（b）中的太空船靜止於地球表面，其中的人和物都應感受到地球的重力，其重力加速度 9.8m/s^2。兩種情形下的加速度數值相等，

但一個是推動飛船執行的牽引力產生的加速度，方向向上；另一個是地球表面的重力加速度，方向向下。如果引力和慣性的質量相等的話，飛船中的觀察者應該感覺不出這兩種情形有任何區別。所有物理定律的觀察效應在這兩個系統中都是完全一樣的，包括人的體重、上拋小球的拋物線運動規律、光線的偏轉等。

等效原理揭示了引力與其他力在本質上的不同之處。當愛因斯坦接受了黎曼幾何概念之後，便將引力與時空的幾何性質連繫起來。也就是說，物質的存在使得時空發生彎曲，而彎曲的時空又影響和控制了其中物質的運動，這是廣義相對論的基本思想。

3. 重力場方程 ——

著名物理學家惠勒用一句話來概括廣義相對論:「物質告訴時空如何彎曲,時空告訴物質如何運動」(圖 4-3-1)。

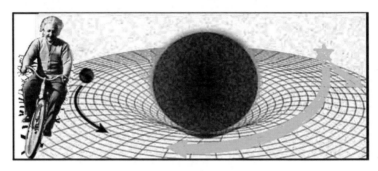

圖 4-3-1 物質告訴時空如何彎曲,時空告訴物質如何運動

如果用數學語言來表述惠勒對廣義相對論的解釋,就得到如下所示的重力場方程式:

重力場方程式是個張量函數的微分方程式。張量是向量概念的推廣。一個純量(比如溫度 T)只用一個數值來描述,三維空間的向量(比如速度 v_i)需要用 3 個數(v_1,v_2,v_3)來表示,因此速度向量需要用帶一個下標 i 的 v_i 表示。那麼,如何表示一個張量呢?由圖 4-3-2 可見,重力場方程式中的張量 $R_{\mu\nu}$、$g_{\mu\nu}$、$T_{\mu\nu}$ 等,都有兩個指標,表明它們需要用更多的「分量」來描述,被稱為二階張量。並且,這些張量是四維時空的張量,指標 μ、ν 可以是(0,1,2,3)。指標 0 代表時間,空間維則仍然用(1,2,3)表示。

如圖 4-3-2 所示，重力場方程式的左邊與時空的幾何性質有關，用度規張量和曲率張量來描述。曲率張量代表時空的曲率；度規張量類似於量度時空的尺和鐘。方程式的右邊與時空中的物質-能量分布情形有關，用能量-動量張量來描述。重力場方程式將時空的彎曲性質與物質能量的分布情況相連繫，也就是說，物質分布決定了時空的幾何性質。

曲率張量　　（時空幾何相關）　（物質—能量分布相關）

$$R_{\mu\nu} - \frac{1}{2} R g_{\mu\nu} + \Lambda\, g_{\mu\nu} = 8\pi G T_{\mu\nu}$$ ── 能量—動量張量

曲率純量　宇宙常數　度規張量　重力常數

圖 4-3-2 重力場方程式（愛因斯坦方程式）

在給定的時空幾何中，物質沿著時空的「短程線」（也稱之為測地線）運動，測地線是平坦空間中直線概念在彎曲時空中的推廣。換言之，牛頓將引力（重力）解釋成「力」，愛因斯坦則是將引力（重力）幾何化。比如說，在地球表面丟擲的物體並不按照直線運動，而是按照拋物線運動。牛頓引力理論這樣來解釋：地球對物體的「引力」使得物體偏離了直線軌道；而廣義相對論說，地球的質量造成了它周圍空間的彎曲，拋射體不過是按照時空的彎曲情形運動而已。拋物線是彎曲時空中的「直線」，即測地線。

不過，我們不用被圖 4-3-2 中重力場方程式複雜的表示式嚇到，如果忽略張量的指標，它可以被表示成一個更為簡單且方便理解的形式：

$$R = 8\pi T \tag{4-3-1}$$

式中，R 代表時空彎曲（曲率）；T 代表物質（包括能量）。

所以，重力場方程式所表示的只不過是一句話：物質產生時空彎曲。

實際上，曲率可以從度規張量算出，因此式（4-3-1）左邊的 R 是度規的函數。求解重力場方程式的目的也就是解出度規。

從愛因斯坦方程式的弱場近似可以得到牛頓引力定律。考慮最簡單的情況，場方程式中只有與時間維（指標 0）相關的那一項，比如說曲率張量只有 R_{00} 一項，能量 - 動量張量只有普通物質（質量密度為 ρ），這時候，場方程式化簡為：$R_{00} = 4\pi\rho$。這裡的 R_{00} 可以進一步用牛頓理論中的重力位函數表示，從而得到牛頓的引力公式。

重力場方程式（4-3-1）的解是用以描述時空幾何性質的度規張量。度規就像是度量空間的一把尺，再加上測定時間的「鍾」。或者可以把它想像成解析幾何中的座標，這也就是為什麼我們在解釋時空彎曲時經常用類似座標的「網格」來比喻的原因之一。因為所謂時空彎曲了，就是度規張量扭曲了，或座標格子變形了，如圖 4-3-3（b）所示。

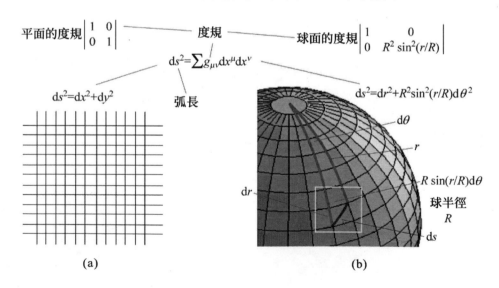

圖 4-3-3 度規張量
（a）平坦空間；（b）彎曲空間

　　從圖 4-3-3 中很容易看出，度規張量告訴我們如何計算「時空」中的弧長，嚴格地說，是弧長的微分 ds。這點使用歐幾里得平直時空中的直角座標系就很容易辦到，因為根據勾股定理，弧長 ds 就是直角三角形的斜邊，它的平方就等於直角座標系座標微分的平方和，如圖 4-3-3（a）所示。但是，如果對於像球面那樣的彎曲空間，弧長微分 ds 的計算就要複雜一些了，因為球面的度規表示式也變得複雜了。

　　另外，廣義相對論中考慮的是「時空」的弧長 ds，它表示的已經不僅僅是空間中的「距離」概念，四維時空中的時間和空間可以分別用實數和虛數表示。如果採取時間為實數的表示方式，這時候的「弧長」被稱為「原時」，通常不將它寫成 ds，而被記作 dτ。

　　在一定的簡化情形下，四維時空的弧長微分 dτ 與空間度規張量 g_{ij} 的關係可表示如下：

$$\mathrm{d}\tau^2 = \mathrm{d}t^2 - \frac{1}{c^2}\mathrm{d}s^2 = \mathrm{d}t - \frac{1}{c^2}\sum_{i,j=1,2,3} g_{ij}\,\mathrm{d}x^i\,\mathrm{d}x^j \qquad (4\text{-}3\text{-}2)$$

　　式中，dτ 為原時；ds 為空間弧長；c 為光速；dt 為座標時；g_{ij} 為空間度規。

4. 相對論的實驗驗證和應用 ————

　　證明兩個相對論正確性的實驗證據已經不少。狹義相對論就不用說了，從微觀到宇觀，從量子物理中的實驗，到高能加速器及對撞機的應用，各個方面都要涉及狹義相對論效應，至今還沒有觀測到與這個理論違背的跡象。

　　廣義相對論早就有了三大經典實驗驗證：水星軌道近日點的進動；光波在太陽附近的偏折；光波的重力紅移，分別如圖 4-4-1（a）、（b）、（c）所示。這三個現象中，牛頓力學計算的結果與實際觀測結果有一定偏差，廣義相對論的計算結果則與實驗精確符合。因此，牛頓引力定律可以當作是廣義相對論在重力場較弱、應用範圍不大時候的近似。

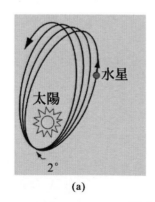
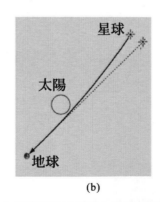
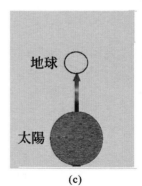

(a) (b) (c)

圖 4-4-1 廣義相對論的三大經典實驗驗證
（a）水星近日點進動；（b）光線偏轉；（c）重力紅移

　　之後，天文學中觀測到的重力透鏡現象、重力時間延遲、重力紅移，對脈衝雙星的觀測，以及重力波的探測接收等，已經有無數的實驗

和天文觀測數據間接或直接地驗證了廣義相對論的結論。

在此介紹一下兩個相對論在全球定位系統（global positioning system，GPS）技術中的應用。幾乎每個使用智慧型手機或者是開車的人都知道 GPS。它可以為我們的出行提供導航，還能精確定位，而且價格低廉。

GPS 是靠 24 顆衛星來定位的，任何時候在地球上的任何地點至少能見到其中的 4 顆，地面接收站根據這 4 顆衛星發來訊號的時間差異，便能準確地確定目標所在的位置。從 GPS 的工作原理可知，「鐘」的準確度及互相同步是關鍵。因此，GPS 的衛星和地面接收站都使用極為準確（誤差小於十兆分之一）的原子鐘，見圖 4-4-2。

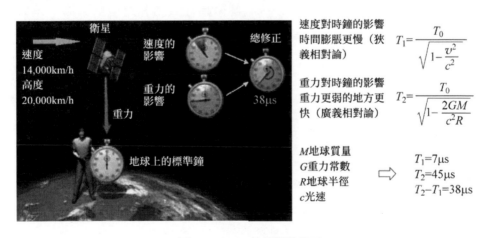

圖 4-4-2 GPS 的相對論修正

但是，GPS 衛星上的原子鐘和地球上的原子鐘必須同步，否則便會影響定位的精確度。相對論是有關時間與空間的理論，預言了一定情況下時間的變化。根據狹義相對論，快速運動系統上的鐘要走得更慢一些（雙生子悖論），衛星繞著地球旋轉，它的線速度大概為每小時

14,000km。根據圖 4-4-2 右邊的公式進行計算，將使得衛星上的鐘比地球上的鐘每天慢 7μs。廣義相對論的效應則是因為衛星的高度而產生的。越靠近地面，時空的彎曲程度就越大。所以，衛星上時空的變形要比地面上小，這種效應與狹義相對論的影響相反，衛星位於距地 20,000km 的太空中，重力的差別將使得衛星上的鐘比地球上的鐘每天快 45μs。兩個相對論的作用加起來，便使得衛星上的鐘比地球上的鐘每天快 38μs。

　　38μs 好像很小，但是若以原子鐘的精確度來說，則是相當地大。原子鐘每天的誤差不超過 10ns，而 38μs 等於 38,000ns，是原子鐘誤差的 3,800 倍。38μs 的差別將引起導航定位系統的定位誤差。這些誤差會累積起來導致 GPS 產生更大的誤差。所以，GPS 系統必須考慮相對論的影響，進行相應的修正。事實上，每一個衛星在入軌執行前都把原子鐘每天調慢 38.6μs。這樣不但改善了 GPS 的定位精確度，校正後的衛星時鐘系統還可以向全球提供精確的國際標準時間。

5. 不同的內蘊幾何 ———

　　廣義相對論和狹義相對論要如何連繫在一起？讀者可以想像曲面和平面有何關聯。狹義相對論只是把時間和空間統一到了一塊兒，但沒有考慮重力。因此，狹義相對論中的時空是平坦的，我們稱四維的平坦時空為「閔考斯基空間」，類比於二維平面。然而，真實的宇宙中重力處處存在，所以，廣義相對論描述的彎曲幾何才是真實世界的寫照，狹義相對論只是真實世界中一個小範圍內的區域性近似。就像生活在地球上的人類，腳下的土地本來是彎曲的球面，但是因為我們活動的範圍比地球尺寸小得多，可以部分性地將地面看成是平面。換言之，一個人在地面上跑步，可以認為自己是在平面上運動，但如果他環球旅行，他會意識到地球表面是彎曲的。

　　曲面有各式各樣，典型的 3 種曲面：平面、球面、雙曲面，代表了 3 種不同的幾何。雙曲面也叫馬鞍面，是我們常見的那種兩邊向不同方向彎曲的洋芋片的形狀。這 3 種曲面有不同的幾何性質，分別稱之為歐幾里得幾何、黎曼幾何、羅巴切夫斯基幾何（又稱雙曲幾何）[6]。它們的區別最開始來自於對平行公設的不同假設：過直線外的一個點可以作多少條平行線？平面幾何的假設是能夠作並且只能作一條；球面上一條平行線也不能作；雙曲幾何則基於最少可以作兩條平行線的假設。由此而得到的三種幾何具有完全不同的性質，最被廣為人知的一點是：平面三角形的 3 個內角之和等於 180°，而球面三角形的內角和大於 180°，雙曲面上三角形的內角和則小於 180°。

這三種不同的二維曲面都是常曲率曲面。平面的曲率處處為零；半徑為 R 的球面上，每一點的曲率都等於 $1/R$；半徑為 R 的雙曲面上每一點的曲率則都等於 $-1/R$。

上文中所說的二維曲面的「曲率」，指的都是內在曲率，或稱之為內蘊曲率。我們可以舉幾個二維曲面的例子來簡單解釋內在曲率和外在曲率的區別。比如考慮柱面和球面，它們在三維空間中看起來都是彎曲的，但柱面的彎曲只是一種外在的表現，我們可以將柱面剪開後平坦地鋪開成為一個平面，完全沒有皺褶，也不用拉伸。因此，柱面的彎曲性不是本質的，而是外在的。柱面在本質上和平面一樣，它的內蘊曲率等於零。而球面不一樣，你無法將一個半球形的帽子剪開平鋪在桌子上，球面在其內在本質上是一個彎曲的二維空間，內蘊曲率大於零。雙曲面也不可能被展開成平面，本質上也是彎曲的，不過它的內蘊曲率為負數。

再舉圓錐面為例。將一張圓形的紙片沿兩條半徑剪去一個角，再將剪開的地方黏合在一起，便形成了一個錐面。從錐面形成的過程可知，除了頂點之外，它的內蘊幾何性質是和平面相同的。也就是說，錐面的內蘊曲率處處為零，頂點例外。頂點的曲率為無窮大。

二維曲面的內蘊幾何是生活在曲面上的二維生物感受到的幾何。這意味著，這些扁平的生物完全不可能有三維空間的直觀體驗。如果它們是生活在一個球面上，那個球面就是它們的整個世界。也許它們可以透過數學來建立高於二維空間的概念，就像我們想像四維或更高維的空間一樣。球面生物無法跳到三維來觀測球面的形狀，它們使用的一切東西都是二維的、扁平的。光線只在球面上傳播，因此，它們想辦法在球面上測量三角形的內角之和，發現大於 180°，方知它們的世界是一個曲

率為正的彎曲空間。我們人類也有類似的極限，不能跳到四維空間去觀察，也無法畫出三維空間嵌入四維中的直觀影像。因此，我們只能用二維空間嵌入三維中的直觀影像來類比。需要強調的是：雖然我們畫出了平面、球面、雙曲面嵌入到三維的影像，但實際上這些形狀的內蘊幾何性質是內在的，並不以嵌入的方式而改變。這正如一張平坦的紙，你可以把它捲成圓柱面、橢圓柱面，或是做成一個圓錐面、橢圓錐面，然後在三維空間來觀察各種形狀的紙上每個點附近的幾何。你會發現，除了圓錐的頂點之外，其他點附近都仍然是平坦的歐幾里得幾何，並不以你捲成的不同形狀而改變內蘊曲率為零的本質。

　　再舉一維空間（線）的例子來加深你對「內蘊幾何」性質的理解。一維空間本質上只有一種幾何，即平直的歐氏幾何，也就是說，在三維空間中的一條線，無論怎樣彎來拐去，本質上都與直線沒有區別。曲線總是可以展開成直線，彎來拐去只是嵌入二維或三維空間的表觀現象，在上面爬來爬去的一維「螞蟻」感覺不出它的世界與直線有任何區別。有的書上將這個性質表達為：曲線沒有內蘊幾何。但實際上正確的說法應該是，曲線只有一種平直的幾何，而二維和三維流形除了平直歐氏幾何之外，還有彎曲的內蘊幾何。

第五章

探測重力波

1. 宇宙學中的基本測量 ——

　　這一章中，我們再回到引言中提到的重力波探測。探測到重力波的事件，不僅是科學理論預言的實現，也是精密測量技術的勝利，因為重力波在地面上引起的效應非常微弱。另外，進行天文學和宇宙學方面的測量，即使是測量最基本的距離和質量，都是十分困難的。本節中將簡單介紹一下天文學中測量距離的基本方法。

　　測量宇宙中的星系，談何容易！這可不是在實驗室裡撥弄天平、砝碼、瓶瓶罐罐就能夠辦到的。遙遠而巨大的星體無法放到秤上稱，星體間的距離無法用標尺量。說到時間，就更難以想像了。人的壽命不過百年，而星體、宇宙的壽命卻往往以億年計算。這種天方夜譚之事，天文學家們是如何做到的？

　　天體的質量基本不是被「測量」出來的，而是透過各種數學模型和理論公式「計算」出來的。天文學中測量星體之間距離的方法有很多種。

　　人類最開始想測量的，應該是地球到離我們最近的星球 —— 月亮的距離。最早測量月地距離的人，是西元前 2 世紀左右的古希臘天文學家喜帕恰斯（Hipparkhos）。聰明的他利用一次日食的機會實現了這個目標。

　　如圖 5-1-1 所示，喜帕恰斯在地球上的 A 點觀測日全食，同時讓他的朋友在 B 點觀測日偏食。假設 B 點可以看見 1/5 的太陽，根據圖中的三角幾何關係，可以從日偏食的角度 θ 以及 A 點和 B 點間的距離 D，計算地球月亮的距離 $D_m = D/\theta$。喜帕恰斯當時測量的月地距離約為

260,000km，與現在公認的平均距離 384,401km 有一定差距，但對於這位 2,000 多年前的古人而言，可以算是很了不起的成果了。

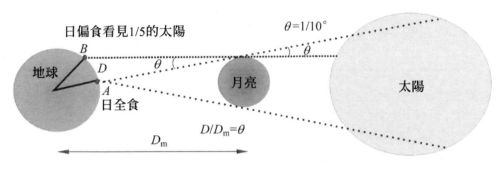

圖 5-1-1 喜帕恰斯利用日食測量月地距離

如今，我們有了現代的各種探測技術，可以很容易想像出既簡單又精確的方法來測量地球到月亮的距離。比如說我們可以向月球發射一束高強度的雷射光，讓它到達月球某處再反射回來，然後測量兩個光束的時間差就可以了。

測量離地球不太遠的星球的距離，最普遍使用的一種簡單幾何方法是三角視差法。這種方法可以用來測量 300 光年以內的距離。

如圖 5-1-2 所示，因為地球繞著太陽做圓周運動，在一年內不同的時候對遠處星體及其周圍背景進行觀察，結果會不一樣。根據不同觀察圖得到的視差，可以算出視差角。然後，將日地距離當作是已知的，這樣一來，就能用幾何的方法算出地球離星體的距離。三角視差法只適用於測量距離地球較近的星體。高精準的距離測量是利用光學雷達的光線往返於地球和放置在另一星球上的稜鏡所花費的時間。

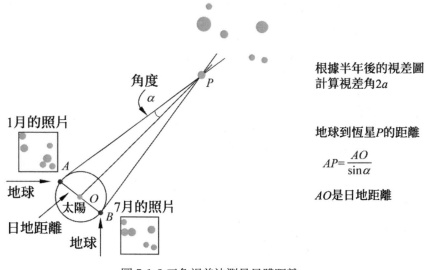

圖 5-1-2 三角視差法測量星體距離

除了幾何方法之外，還有測量星體距離的各種物理方法。比較常用的方法是利用星體亮度和距離之間的關係。根據常識，同樣一個光源，放到越遠的地方，看上去就越暗。發光的天體也是如此，如果它距離地球越遠，觀測到的亮度也會越小。但是，我們如何判定天體的亮度差別是因為距離的遠近還是因為本身的發光能力造成的呢？換言之，我們需要有某種其他的方法，來幫助我們估算星體的真實發光能力。用天文學的專業術語，將這種內在發光能力，稱為「絕對星等」，而我們從地球上觀察某顆星所得到的亮度，叫做「視星等」。絕對星等指的是把天體放在一定的標準距離（10 秒差距，或 32.616 光年）時天體所呈現出的視星等。知道了一顆星的絕對星等，就可以推算出它在任何距離上的亮度；反之，知道一顆星的絕對星等及視星等，便可以推算出它究竟離我們有多遠了。絕對星等 M、視星等 m、距離 D 之間有如下關係：

$$M = m + 5 - 5\lg D$$

問題是怎樣才能確定恆星的絕對星等呢？

對大多數主序恆星而言，天文學家們經常利用描繪眾多恆星演化狀態的赫羅圖來達到上述目的。在第一章中，我們曾經介紹過赫羅圖（圖1-4-3），藉助於赫羅圖，從主序星階段的恆星顏色（光譜），就可以確定它的絕對星等。由此便給出了一個標準，來進一步比較視亮度與真實亮度，幫助測量和判定恆星與地球的距離。這也叫做光譜視差法，實際上就是根據光譜型別先猜想出恆星的真實亮度，再根據計算得出距離的一種方法。

光譜視差法對於測量恆星距離可用，但對距離太遠的星系，在大多數情況下就難以應用了。這時候就可以採用一種新的方法。首先觀察該星系中造父變星的光度週期變化，利用造父變星或超新星作為「標準燭光」，就能計算出星系的距離。有關造父變星，參見第七章中的介紹。天文學家們發現宇宙中有一種脈動變星，它們的光度變化週期與光度大小有關係，根據測量這種「週光關係」，就可以計算出星體的距離。哈伯正是用這種方法發現了（事實上是證實了）第一顆銀河外的造父變星。之前人們都以為這顆星是屬於銀河系的，但哈伯當時用「週光關係法」計算出它與地球的距離超過 200 萬光年，大大超過了銀河系 10 萬光年的範圍，因而斷定它不是銀河系的成員。後來再加上其他的觀察數據，哈伯最後確定這顆星屬於銀河系外的另一個星系仙女星系。仙女座的範圍大於銀河系，約為 16 萬光年。

對於更遙遠的星系，天文學家還可以利用Ⅰa型超新星作為標準燭光。因為超新星是白矮星的質量超過錢德拉塞卡極限時發生核爆炸而形成的，物理學家對它的絕對亮度有一個很好的猜想，所以可以用作標準燭光。

再遠一些的星系，就需要測量光譜紅移，並根據哈伯定律，以及中子星的偏振等更為複雜的方法來測量距離。概括而言，宇宙學中測量距離的方法是一層一層的，將測量到的短距離當作已知數，再來測量和計算下一層更遠的距離。好像爬樓梯一樣，從近到遠往上爬，每一層都有不同的方法。

2. 探測重力波 —— 時空的漣漪

　　要明白如何探測到重力波，首先得了解什麼是重力波。如前所述，牛頓的萬有引力定律揭示了引力與萬物的關係。而愛因斯坦的廣義相對論則將引力（重力）與四維時空的彎曲性質連繫在一起。物質的質量使得四維時空彎曲，彎曲的時空又影響其中物體的運動，使其運動軌跡成為曲線而非直線。猶如一大片無限延伸、套用的彈性網格以及上面滾動的小球互相影響一樣：網格形狀因小球重量而彎曲，小球的運動軌跡又因網格的彎曲而改變，見圖 5-2-1（a）。

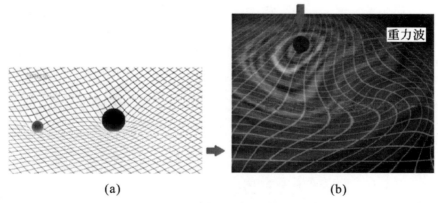

(a)　　　　　　　　　　　　　　(b)

圖 5-2-1 彎曲時空和重力波

（a）物質使時空彎曲；（b）重力波是彎曲時空中的漣漪

　　設想彈性網格上突然掉下一個很重的大鉛球，如圖 5-2-1（b）。鉛球不僅使得網格的形狀大大改變，而且還將引起彈性網格極大的震盪，就像一顆石子投在平靜的水面上引起漣漪一樣，鉛球引起的震盪將傳播到

網格的四面八方。將這個漣漪的比喻用到四維彎曲時空中，便是科學家們探測到的重力波。

從物理的角度看，與電荷運動時會產生電磁波相類比，物質在運動、膨脹、收縮的過程中，也會在空間產生漣漪並沿時空傳播到另一處，這便是重力波。根據廣義相對論，任何作加速運動的物體，如果不是絕對球對稱或軸對稱的時空漲落，都能產生重力波。愛因斯坦在 100 年之前 [12-13] 預言存在重力波，但是由於重力波攜帶的能量很小、強度很弱，物質對重力波的吸收效率又極低，一般物體產生的重力波不可能在實驗室被直接探測到。舉例來說，地球繞太陽轉動的系統產生的重力波輻射，整個功率大約只有 200W，而太陽電磁輻射的功率是它的 10^{22} 倍。僅僅 200W！可以想像得到，照亮一個房間的電燈泡的功率，散發到太陽—地球系統這樣一個偌大的空間中，效果如何？所以，地球—太陽體系發射的微小重力波一直完全無法被檢測到。

美國花費巨資更新的 LIGO，是目前最先進的觀測重力波的儀器，它的基本原理是使用雷射干涉儀，見圖 5-2-2（a）。從雷射器發出的光束，經由分光鏡分為兩路，並分別從固定反射鏡和可動反射鏡反射回來再會合。利用測量兩條雷射光束的相位差來探測重力波引起的長度變化。每束光在傳播距離 L 後返回，其來回過程中若受到重力波的影響，行程所用時間將發生改變而影響到兩束光的相對相位。顯然，干涉臂的長度 L 越長，測量便越精確。以 LIGO 為例，雙臂長度為 4km，見圖 5-2-2（b）。並且，LIGO 觀測機構擁有兩套干涉儀，一套安放在路易斯安那州的李文斯頓，另一套在華盛頓州的漢福德。兩臺干涉儀都得到了類似的結果，方能證實的確接收到了重力波。

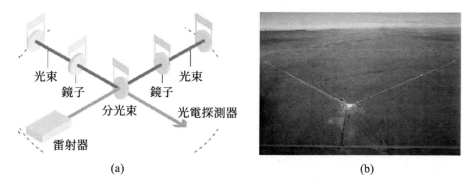

圖 5-2-2 探測重力波的實驗設施
（a）雷射干涉儀原理圖；（b）LIGO 臂長 4km 的實際觀測站

　　測量到重力波是基礎物理研究的里程碑。首先，這意味著科學家們可以透過它來進一步探測和理解宇宙中的物理演化過程，為恆星、星系，乃至宇宙自身現有的演化模型提供新的證據，有一個更為牢靠的基礎。其次，過去的天文學基本上是使用光作為探測手段，而現在觀測到了重力波，便多了一種探測方法，也許由此能開啟一門新學科 —— 重力波天文學。此外，大霹靂模型和黑洞等發射的重力波，都是建立在廣義相對論的基礎上；真正探測到了理論預言的重力波，便再次證明這個理論的正確性。

　　2015 年被 LIGO 探測到的重力波波源，是一個遙遠宇宙空間中的雙黑洞系統。其中一個黑洞多達 36 倍的太陽質量，另一個則為 29 倍的太陽質量，兩者碰撞並合成一個 62 倍的太陽質量的黑洞。顯然這裡有一個疑問：36 ＋ 29 ＝ 65，而非 62，還有 3 個太陽質量的物質到哪裡去了呢？其實這正是我們能夠探測到重力波的基礎。相當於 3 個太陽質量的物質轉化成了巨大的能量並被釋放到太空中！正因為有如此巨大的能量輻射，才使得遠離這兩個黑洞的人類，探測到了碰撞融合之後傳來的已經變得很微弱的重力波。

3. 電磁波和重力波 ——

　　儘管愛因斯坦在 1916 年就預言了重力波，但他當時對自己這個預言的態度也是反反覆覆、頗為有趣的。愛因斯坦本人直到 1936 年還尚未對此有一個確定的答案。他曾經在一篇論文中得出「重力波不存在」的結論！但因為該文中他的計算有一個錯誤，被《物理評論》（*Physical Review*）拒絕。當年，憤怒的愛因斯坦轉而將此文投給《富蘭克林學院學報》（*Journal of the Franklin Institute*），文章即將發表時愛因斯坦自己也發現了他的錯誤，於是將文章標題改變了 [14]。後來他又重寫了論文，計算核實準確了之後才在 1938 年發表 [15]，最終確定了重力波的存在。

　　對大眾而言，重力波、黑洞、相對論，這些遠離人們日常生活的名詞，在 2016 年突然一轉眼就變得現實起來。此外，LIGO 探測到的雙黑洞融合事件還是 13 億年之前就已經發生了的事件，輻射的重力波在茫茫無際的宇宙中奔跑了 13 億年之後，在其能量為頂峰的一段短暫時間內（約 0.2 秒），居然被人類探測到了，聽起來的確像是天方奇談。

　　不過，大多數人對電磁波比較熟悉，起碼這個名詞經常聽到，因為它與我們現代社會通訊密切相關。那麼，既然重力波和電磁波都是「波」，我們就來比較一下這兩個「兄弟」，以此加深讀者對重力波探測的理解。

　　英國物理學家馬克士威於 1865 年預言電磁波；愛因斯坦於 1916 年預言重力波。

　　1887 年，赫茲（Heinrich Hertz）在實驗室裡用一個簡單的高壓諧振電路第一次產生出電磁波 [16]，用一個簡單的線圈便能接收到電磁波，圖 5-3-1（a）；2016 年，美國的 LIGO 第一次探測到重力波 [17]，團隊的主要研究人員有上千人，大型裝置的雙臂長度為 4km，造價高達 11 億美元，見圖 5-3-1（b）。

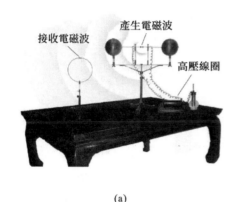

(a)　　　　　　　　　　　　　　　　　　(b)

圖 5-3-1 電磁波和重力波探測裝置

（a）赫茲產生和接收電磁波的裝置；（b）接收到重力波的 LIGO 臂長 4km

　　電磁波從預言到探測，歷時 23 年；重力波從預言到探測，歷時 100 年。

　　從上面的數據可見，重力波的探測比電磁波的產生、接收困難得多，其根本原因在於兩者的強度相差非常大。

　　現代物理理論認為，世界上存在 4 種基本相互作用，分別為引力（重力）、電磁、強和弱相互作用。其中的強相互作用和弱相互作用都是「短程力」，意味著它們只在微觀世界的很短範圍內發揮作用。這 4 種相互作用中，引力（重力）是強度最弱的，大約只有電磁作用的 $1/10^{35}$。也就是說，將引力（重力）的強度值後面再加上 35 個 0，才能與電磁作用相當。

第五章
探測重力波

　　加速運動的電荷可以輻射電磁波，加速運動的非球對稱質量也能輻射重力波。但是，電磁波很容易在實驗室中被探測到。而從現在的技術觀點看，強度比電磁波小 30 多個數量級的重力波，不可能在實驗室中測量到，也不太可能在近距離的普通天體運動中觀測到。

　　根據廣義相對論進行計算，最有可能探測到重力波的天文事件，是大質量星體的激烈運動。比如說雙中子星或雙黑洞互相繞行、最後融合的事件。在那段過程中，雙星系統將發射出大量重力波。對於宇宙中發生的此類事件，天文學家們已經研究很長時間了。事實上，1947 年，在歐洲的華人物理學家胡寧發表的〈廣義相對論中的輻射阻尼〉（*Radiation Damping in the General Theory of Relativity*）一文中，就最早對雙星系統的引力輻射效應作出了理論證明 [18]。1974 年，兩位學者從觀測雙中子星相互圍繞對方公轉的數據中，間接證實了重力波的存在，並因此榮獲 1993 年的諾貝爾物理學獎。近年來，人們對雙黑洞的碰撞融合過程進行了大量的電腦數值計算和影像模擬，也從統計學的角度，研究了各類質量的雙黑洞碰撞在宇宙中發生的機率，及地球上探測到這些事件輻射的重力波的可能性。透過多方面詳細、深入的研究，科學家們對重力波的探測信心倍增，並在幾十年前啟動了 LIGO 專案。並且，不僅僅是美國，還有歐洲的 VIRGO、印度的 LIGO、日本的 KAGRA 等，都陸續在更新或進行研究。除此之外，還有探測重力波的太空站，比如 LISA 等，則定位於更為低頻的重力波源。

　　即使是黑洞碰撞產生的強大重力波，傳播到地球時對地面上物質產生的影響也微乎其微，因為這些事件都發生在很遙遠的宇宙空間。話說回來，這也是人類的幸運，地球位於廣闊宇宙中一片相對平靜的區域，並且繁衍於一段比較安全的時間段。重力波和電磁波一樣，也是以光速

傳播，這個黑洞融合事件輻射的重力波在穿過 313 億光年到達地球時，引起物體長度的相對變化只有 10^{-21}。這個數字是什麼意思呢？如果有一根棍子，像地球半徑（$R = 6,400$km）那麼長，那麼從黑洞來的重力波將引起這根棍子的長度變化為 $10^{-21} \times R = 10^{-11}$mm（1mm 的一千億分之一！）。

我們無法做出一根和地球半徑一樣長的棍子，但科學家們可以盡量延長探測臂的長度。比如 LIGO 兩臂的長度均為 4km，因此，重力波將使得每個臂的長度變化為 4×10^{-18}m。

用什麼「尺」來測量這麼小的長度變化？科學家們又請出了重力波的大哥 —— 電磁波，它以雷射的面貌出現。所用儀器的原理與 1887 年邁克生干涉儀[19] 基本相同。干涉儀發出的雷射光分成兩束，走向不同的方向，在兩個長臂中反射後進行干涉，從干涉影像則可以測量出兩臂長度的微小差異。這種裝置是愛因斯坦的幸運神，當年邁克生（Albert Michelson）和莫雷（Edward Morley）使用這種干涉儀進行的實驗，證實了以太並不存在，啟發了狹義相對論。130 年之後的雷射干涉儀雖然已經面目全非，但基本原理相同，人類又用它第一次接收到了重力波，證明了愛因斯坦的廣義相對論。

雷射干涉儀也不僅僅幫了愛因斯坦的忙，它們是物理實驗室中常見的裝置，多次為科學立下汗馬功勞。不過，LIGO 將這種儀器的尺寸擴大到了極致，將其功能也發揮到了極致，使得長度測量的精度達到了 10^{-18}m，是原子核的尺度的 1/1,000，這才創造出了 GW150914 這個第一次。

首先，科學家們讓兩束雷射光在長臂中來來回回地跑了 280 次之後再互相干涉，這樣就把兩臂的有效長度提高了 280 倍，使得重力波引起

的長度變化增加到 10^{-15}m 左右，這是原子核的尺度。為了使這些雷射「長跑運動員」有足夠的精力跑完這麼長的距離，使用的高強度雷射功率達到 100kW。為了減小損耗，LIGO 的雷射臂全部安置於真空腔內，使用超潔淨的鏡片，其真空腔體積僅次於歐洲的大型強子對撞機（large hadron collider，LHC），氣壓為兆分之一大氣壓。

這一切做到了極端的標準和精確，才使 LIGO 檢測到這麼微弱的距離變化，這是精密測量科學的勝利。從赫茲探測電磁波的線圈，到 LIGO 這種大型精密裝置，表明了人類科學技術的巨大進步。

下面，我們再從數學和理論物理學的角度，認識一下電磁波和重力波這兩兄弟的異同點。

理論物理學家們預言的電磁波和重力波，都滿足形式相似的波動方程式：

電磁波的方程式從馬克士威理論得到，重力波的方程式從廣義相對論得到。馬克士威方程是線性的，重力場方程式本來是非線性的，但研究重力波向遠處傳播時，可以利用弱場近似將方程式線性化而得到與電磁場類似形式的波動方程式。簡單而言，圖 5-3-2 所示的兩個波動方程式，是一個同類別的等式。等式左邊是微分算子作用在波動的物理量上，右邊則是產生波動的波源。

電磁波的情況，電磁位能（及相關的電磁場）是波動物理量，是一個向量。電荷電流是波源。重力波的情形，波動的物理量及波源的情況都比較複雜一些，它們都是二階張量，或簡稱張量。圖 5-3-2 中可見，向量用一個指標表示，張量用兩個指標表示。因而，張量比向量有更多的分量。電磁波是電場（磁場）向量場的波動；重力波是時空度規張量的波動。

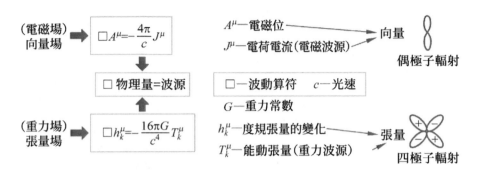

圖 5-3-2 電磁波和重力波的波動方程和波源的不同輻射圖案

圖 5-3-2 最右邊的兩個圖案，說明電磁波源和重力波源輻射類別的區別：電磁波起於偶極輻射，重力波起於四極輻射。

發射重力波的「源」與電磁波源有一個很重要的區別：電磁作用歸根結柢是由電荷引起的（因為至今沒有發現磁單極子），而引力（重力）是由質量引起的，也可以將質量稱之為「重力荷」。但是，電荷有正負兩種，質量卻只有一種。因此，電磁輻射的最基本單元是偶極輻射，而重力輻射的最低序是四極子輻射，見圖 5-3-3（b）。一個像「啞鈴形狀」的物體旋轉，便會產生隨時間變化的四極矩，在天文上，啞鈴形狀可以由雙星系統來實現。當一個大質量物體的四極矩發生迅速變化時，就會輻射出強重力波，雙黑洞的旋轉融合過程中正好提供了巨大的重力四極矩變化。

此外，正負電荷間有同性相斥、異性相吸的特點，使得電磁力既有吸引力，也有排斥力。但質量（重力荷）產生的重力卻只有吸引力一種。不過，在第九章中將會看到，暗能量的作用相當於某種「排斥」性質的引力（重力）。

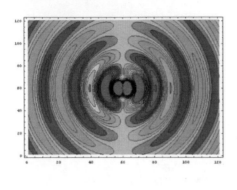

(a)

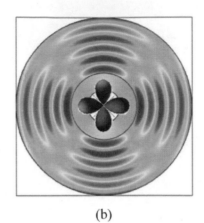

(b)

圖 5-3-3 偶極輻射和四極輻射
（a）偶極輻射；（b）四極輻射

　　也正因為電荷有正負之分，可以利用這個正負抵消的性質來封鎖電磁力，而重力場不能靠類似的方法封鎖。不過，因為廣義相對論將重力場解釋為幾何效應，在部分範圍內，可以用等效原理，藉助一個自由落體座標系將重力場消除。電磁場則無法被幾何化。

　　從量子理論的角度來看，電磁波是由靜止質量為 0、自旋為 1 的光子組成，而重力波是由靜止質量為 0，自旋為 2 的重力子組成。電磁波能與物質相互作用，被反射或吸收。但重力波與物質的相互作用非常微弱，只能引起與潮汐力類似的伸縮作用，通過物質時的吸收率極低。

　　1887 年，赫茲發現電磁波後，他在發表文章的結語處寫道：「我不認為我發現的無線電磁波會有任何實際用途」。而當時兩位二十多歲的年輕人，馬可尼（Guglielmo Marconi）和特斯拉（Nikola Tesla），卻從赫茲的實驗中突發異想，將電磁波用於通訊領域。如今，電磁波對當今人類文明的進步和發展的重要性已經毋庸置疑。

　　愛因斯坦預言重力波的時候，也認為人類恐怕永遠也探測不到重力

波，他當然也不可能預料重力波是否可以對人類有任何實際用途。可見，科學技術的發展有時候是很難預料的。

4 種相互作用中，只有重力和電磁力一樣，具有「長程」的性質。長程力才有可能用於遠距離的觀測和測量。雖然重力很弱，但既然在天文領域及宇宙範圍內可以探測到它們，那就有可能將來在天文學和宇宙學的研究中首先應用它們。近幾年來發現的暗物質和暗能量，都是只有重力效應而對電磁作用沒有反應，重力波及相關的探測應該能幫助到這方面的研究。

總之，2015 年的 GW150914 事件只是重力探索中的一個開端，還遠沒有結束。科學家們仍在期待更多的觀測結果。

4. 重力波速度為何等於光速 ————

　　在上一節中，我們寫出了電磁波和重力波的波動方程，它們在閔考斯基四維時空中的勞侖茲不變表示式是類似的。如果不考慮波源的輻射性質，只研究兩種波在自由真空中的傳播性質的話，兩個方程式的形式完全一樣。

　　圖 5-4-1 中的電磁波和重力波方程式，數學形式完全一致，因此兩種波傳播的速度都是兩個方程式中的常數 c，也就是光速。光在本質上是一種電磁波，所以電磁波的速度是光速毋庸置疑，但讀者可能會產生疑問：重力波的速度為什麼也是光速呢？

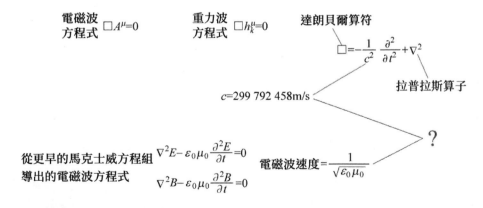

圖 5-4-1 光速的定義

　　並且，從物理史的角度考慮，光（或電磁波）的速度最開始是從馬克士威方程組推算出來，用電解質和磁介質的參數計算而得到，見圖 5-4-1 中最下面的公式。從那兩個公式看起來，似乎光速 c 只應該是電磁

波的「專利」，因為它與物質電磁性質的參數有關。重力波似乎與介質參數沒有關係。

　　但是，在愛因斯坦建立的狹義相對論中，對光速的理解已經不一樣了。狹義相對論認為光速不變，因此，光速作為一個普適的、與電磁場無關的基本物理常數進入到理論物理的方程式中。所以，當表達物理定律的方程式被寫成四維空間的相對論勞侖茲不變的形式時，往往都包含了 c 作為一個物理常數。

　　不過，「光速」有其原來的物理意義。首先，它是光（電磁波）在真空中的傳播速度，是可測物理量。再則，從經典電磁理論中根據安培定律等實驗中總結的規律，它又可以從介質參數（真空的電容率 ε_0 和磁導率 μ_0）計算出來，而這些參數也是可以測量到的。測量總有誤差，可測物理量中有一些被規定為基本物理量。愛因斯坦的相對論則將光速作為訊息及能量傳輸速度的極限，將光速不變作為基本假設。

　　這些有關理論、實驗、測量、度量標準等問題，有時會產生一些互不相容的矛盾之處，或者造成定義循環。在此我們略去歷史細節不談，只介紹目前所使用的有關「光速」的結論。

　　在 1983 年的 17 屆國際計量大會上，將數值 $c = 299{,}792{,}458\text{m/s}$，作為光速的「定義」。這個數值與當時認為最精確的測量值一致，但又不同於測量值。測量值有誤差範圍，測量值將隨著時間而更新，這個數值卻是一個固定的整數，被定義為 c。所以，c 是一個沒有誤差的「精確值」，雖然我們仍然把它叫做「光速」。光速的值固定了，時間和長度又怎麼辦呢？時間的基準使用銫的輻射週期，即將銫 -133 原子基態的兩個超精細能級之間躍遷相對應輻射的 9,192,631,770 個週期持續的時間定義為 1 秒。

　　有了「c」和「1 秒」的定義之後，再反過來定義「1m」，即「1m 是光在真空中 1/299,792,458 秒的時間間隔內所經路程的長度」。總之，後來我們放到物理方程式中的「c」，已經不僅僅是一個與「電磁」作用相關的物理量了。「光速」居然被定義成了一個整數！物理學家們已經把光速轉換成了一個固定值，把它當成了一把標準的「尺」來使用。

　　因此，重力波所滿足的波動方程式中的 c，是一個物理基本常數，不是從測量光速得到的，也不是從真空電容率和磁導率計算而來，而是被「定義」的。

　　重力波 h（度規張量的變化）在真空中傳播時，可以分解成平面波的疊加：

$$h = Ae^{ikx}$$

　　式中 A 是振幅，k 是四維波向量，x 是時空座標。將上式代入波動方程式中可得到 k 的基本性質：$k_x^2 + k_y^2 + k_z^2 - k_0^2/c^2 = 0$，說明 k 是一個沿著光錐的向量，即重力波的速度等於 c（定義的光速）。

　　重力波經過物體時，會引起和潮汐力類似的效應。本書第一章中曾經介紹過潮汐力（圖 1-1-3）。在廣義相對論中，人們將由於引力（重力）不均勻而造成的現象統稱為「潮汐力」。當重力波透過物體時，傳過來的是時空度規的變化，也等效於造成物體的不同部分經受不同大小的重力，所以重力波對物體的影響類似於潮汐力。或者說，潮汐力可以由重力波產生。但是，我們通常所說的地球表面海洋的潮汐現象，是因為月亮對地球的引力（重力）不均勻而形成的，是一種重力造成的效應，但不是重力波，也並不是重力波造成的。也就是說，我們在地球上觀察到的潮汐現象與「引力」（重力）有關，但與「重力波」無關。海洋的潮汐現象用牛頓萬有引力或者廣義相對論都可以解釋。

5. 韋伯 —— 探測重力波的先驅

當下重力波探測的先驅是 LIGO 科學合作組織，但我們不要忘了歷史上探測重力波的真正先驅 —— 約瑟夫·韋伯（Joseph Weber）。

從 1960 年代開始，一直到 70 年代，正是廣義相對論、引力（重力）及黑洞研究的黃金年代。但大多數專家們基本上都是用數學研究理論，頂多聽聽來自天文界的新發現、新消息，沒人對真正探測到重力波感興趣。因為大家都知道，即使宇宙中存在重力波，探測到它的機會也是小之又小，因為它們的強度太弱了。可是，在美國的馬里蘭大學，不信邪的韋伯教授卻一意孤行，決心進軍重力波探測的實驗領域[20]。

韋伯 1919 年出生於美國紐澤西州派特森市，父母是德國猶太移民。韋伯在第二次世界大戰中是一名海軍軍官。戰爭結束後，他讀完了博士並成為馬里蘭大學的工程系教授。後來，他對相對論表現出的濃厚興趣，促使他利用得到一個獎學金的機會到普林斯頓高等研究院追隨惠勒學習理論物理。後來，韋伯又從馬里蘭大學的工程系轉到物理系當教授。

實際上，韋伯在電子工程方面頗有成就，在雷射和邁射（maser）研究方面，幾乎與查爾斯·湯斯（Charles Townes）等同時做出了開創性的研究。湯斯等三人後來因此項發明而獲得了 1964 年的諾貝爾物理學獎，卻無人提及韋伯的貢獻。之後，韋伯有些氣餒，將他的研究方向轉到探測重力波上。

科學家們研究的原動力本來是來自於了解未知世界的欲望和興趣，

但研究的結果卻有失敗和成功。後人從考察科學歷史的角度看起來，決定將要研究的課題有時候真像是在下一場賭注。有的賭注很快就得到兌現，有的卻長期不見分曉，也可能耗盡你一生的心血和精力卻一無所獲。韋伯探測重力波可以算作一個失敗的例子。他借用了電磁波的探測技術，製造了一個探測重力波的「天線」。他的想法很簡單，所謂天線，也不過就是一個鋁製的共振大圓筒，見圖 5-5-1。

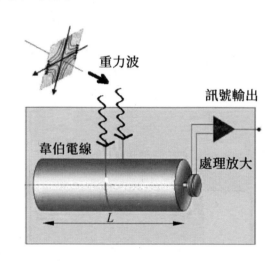

圖 5-5-1 韋伯和他的重力波探測器

根據韋伯的想法，重力波會與物體發生作用，因而有可能被探測到，探測天線應該使用一大塊物質。當時韋伯建造了一個長 2m、直徑 1m、重量 1,000kg 的鋁質實心圓柱，用細絲將圓柱懸掛起來，這樣就能使得振動時的能量損失率變小。人們將這種棒狀的（大鋁筒）重力波探測器稱為「韋伯棒」。根據計算，可得到韋伯棒的固有頻率在 500 ～ 1,500Hz 的範圍內，如果重力波的頻率跟鋁筒的共振頻率一致，便會引起它的收縮和拉伸效應。將這種效應透過安裝在圓柱周圍的壓電感測器檢測出來，轉換成電訊號並使用電子線路放大後輸出，便可得到相應的重

力波的影像。

為了避免地震和其他振動（比如汽車、火車、飛機等）的干擾，韋伯在相距 1,000km 的地方放置了兩個相同的韋伯棒，只有當兩個探測器都同時檢測到振動的時候，訊號才被記錄下來。兩個韋伯棒，一個放置在馬里蘭大學高爾夫球場的洞穴裡，一個放在芝加哥的阿貢國家實驗室。

1969 年，韋伯宣稱他的探測器得到了可靠的結果，立刻引起轟動，他被邀請四處做演講。那年的韋伯有 50 歲左右，頭髮花白、精幹消瘦，談起他的重力波實驗便激情澎湃，是個頗為受人敬重的學者。當時，韋伯的宣講帶動了世界各國各地的科學家，大家都相繼建造了類似的鋁質圓柱形探測器。為了減小噪音，實驗者紛紛採取各種措施改進裝置，變換共振棒的製作材料，使用更為複雜的減震、低溫、真空等方案以排除干擾。但是，幾年下來，這些探測器都沒有得到令人信服的探測到重力波的證據，最後人們的結論是認為韋伯搞錯了。1973 年在牛津大學及 1974 年在麻省理工學院的兩次相對論討論會上，學者們明確表明了對韋伯重力波實驗結果的不信任，認為韋伯誤判為重力波的訊號其實是噪音。當時在牛津大學，記者對會議新聞報導的標題就是「再見，韋伯的重力波」。麻省理工學院的那次會議上爭論更是激烈，韋伯的學者形象大大受損，雙方吵得不可開交，幾乎快要動手打起來。最後，據說是會議主持人，麻省理工學院的菲利普‧莫里森（Philip Morrison）教授，一個頗富紳士風度的學者，一瘸一拐地走過去，藉助於他的枴杖的威力才將怒目相視的兩邊分開。

韋伯在 1964 年左右也曾經考慮過使用雷射干涉儀來探測重力波，但那時候的雷射技術太不穩定，不容易控制，因而沒有付諸實踐。後來，

韋伯的學生羅伯特‧福爾沃德（Robert Forward）在加州研究所的實驗室裡，建造了世界上第一個利用雷射干涉的重力波探測器，儘管此儀器的靈敏度並不高。由此，韋伯和許多研究者仍然繼續製造和改進棒狀重力波探測器，認為它們比雷射干涉探測器具有更高的靈敏度。

1980 年代，隨著雷射和鏡面工藝的進步，基於雷射干涉的重力波探測器開始成為研究熱點。實際上，從現在的觀點來看，不論是哪一類別的探測器，其靈敏度都受限於量子力學中的不確定性原理，稱之為量子極限。也就是說，真空中的量子起伏噪音是限制測量靈敏度提高的根本原因。80 年代後期，加州理工學院的傑夫‧金布爾（Jeff Kimble）小組研究的壓縮態雷射突破了這種經典量子真空噪音的極限。不確定性原理的意思是說，相互共軛的兩個變數，比如振幅和相位，測量誤差的乘積囿於一個不可能同時測準的極限區中，但利用壓縮態的光，則可能使得這兩個共軛量中的一個壓縮到極小的範圍，另一個增大，兩者的乘積仍然不變，但對被壓縮的那個變數，噪音可以減至最小，從而提高測量的靈敏度，有關量子現象的更多介紹請見第八章。

雷射干涉重力波探測器有了關鍵性的突破後，幾個國家都相繼投資建造了幾個大型的新一代雷射重力波探測器，包括美國的 LIGO、德國和英國合作的 GEO600、法國和義大利合作的 VIRGO、日本計劃中的 KAGRA、澳洲計劃中的 AIGO 等。

這個領域的風向轉向了雷射干涉重力波探測器，只有韋伯的目標仍然始終如一。在後來多年缺乏研究經費的艱難條件下，他還在堅持不懈地研究他的實心棒式重力波探測器，直到 2000 年以 81 歲高齡去世。

不過，後人並沒有忘記韋伯對重力波探測的執著和努力。他的實驗雖然不成功，卻開創了一代先河，激勵了許多年輕科學家探測重力波，

將他們吸引到這個研究方向來。實際上，LIGO 創始人之一的索恩（Kip Thorne），便是當年這些年輕人中的一員。可以說，如果沒有韋伯的失敗，人類也可能沒有這麼快就嘗到了探測到重力波的喜悅之果。

成功往往是建立在多次失敗的基礎上。即使是 2015 年重力波事件中的成功者索恩，就曾經有過兩次在關於重力波探測的問題上與人打賭：第一次索恩說在 1988 年 5 月 5 日之前將探測到重力波；第二次又說在 2000 年 1 月 1 日之前將探測到重力波。當然兩次賭注都輸了，不過，2015 年那次他沒有玩與人打賭的小遊戲，卻最終成了舉世矚目的大贏家。

在 2016 年 2 月 11 日的發現重力波新聞發布會上，人們多次提到韋伯的研究。韋伯的遺孀、天文學家特林布林（Virginia Trimble）也被 LIGO 研究小組邀請到現場，坐在聽眾座位的第一排。索恩在發布會後接受記者採訪時，評論韋伯說：「他的確是這一領域中真正的父輩先驅。」

第六章
黑洞物理

　　本書中已經多次提到黑洞，本章中我們給予它們一個更為系統的描述。黑洞物理不僅涉及廣義相對論，也與量子理論密切相關。由於人類對黑洞的認識還不夠，所以在物理的不同領域中對黑洞的理解也略有不同。

　　我們至少可以從三個不同的角度來理解黑洞。從數學上來看，黑洞指的是愛因斯坦重力場方程式的奇異點解，奇異點就是在數學上導致了無窮大。這種意義下的黑洞，更像是一種理想條件下的數學模型。討論的多是黑洞無毛定理、史瓦西半徑、視界等數學定義。而當人們談到黑洞的物理性質時，多涉及黑洞的熱力學性質，諸如黑洞熵、霍金輻射、資訊丟失等，這些概念與量子物理關係密切。只有當成功地將經典引力理論與量子理論結合起來，才能對黑洞的物理意義有更深刻、更全面的理解。此外，在天文學中真實觀測到的被稱為「黑洞」的天體，應該說是理論上認為的所謂黑洞的候選者，對這些天體的研究和觀測，對理解黑洞物理極其重要。

1. 史瓦西解和黑洞 ——

卡爾‧史瓦西（Karl Schwarzschild）是德國物理學家和天文學家。愛因斯坦建立的廣義相對論中的重力場方程式，雖然物理思想精闢、數學形式漂亮，但是求解起來卻非常困難。史瓦西給出了重力場方程式的第一個精確解析解。他首先考慮了一個最簡單的物質分布情形：靜止的球對稱分布。也就是說，史瓦西假設真空中只有一個質量為 m 的球對稱天體。那麼，重力場方程式的解是什麼？這種分布情況雖然異常簡單，但卻是大多數天體真實形狀的最粗略近似。史瓦西很幸運，他在特殊情況下將方程式簡化而得到了重力場方程式的第一個精確解。求解重力場方程式的目的也就是解出時空的度規，史瓦西得到的解叫做史瓦西度規。

當時正值第一次世界大戰，已經年過 40 歲的史瓦西，在服兵役的間隙中做出了這項經典黑洞方面的前端研究。因而，他迫不及待地將兩篇論文寄給了愛因斯坦，並很快就要發表在普魯士科學院的會刊上。但遺憾的是，史瓦西沒來得及看到自己的論文發表，他因病死在了俄國前線的戰壕中。

不過，史瓦西的名字，隨著他開創性的研究 —— 史瓦西度規和史瓦西半徑，永遠留在了廣義相對論及黑洞的歷史上。

首先，我們用第四章中介紹的度規概念理解一下圖 6-1-1 中的史瓦西解。如前所述，度規被用來計算時空中微小弧長的平方（ds^2）。從圖 6-1-1 可知，史瓦西度規中的第一項與時間的微分 dt 有關，另外兩項便是空間部分。史瓦西度規是在球對稱物質分布下得到的重力場方程式的

解析解，因此其空間部分與解析幾何中的球座標看起來頗為類似。事實上，從圖 6-1-1 中可以看出，通常所用的球座標是史瓦西度規在遠離球中心時空間度規部分的近似。

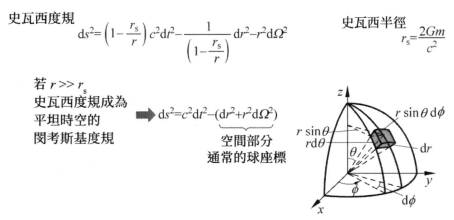

史瓦西度規

$$ds^2= \left(1-\frac{r_s}{r}\right) c^2 dt^2 - \frac{1}{\left(1-\frac{r_s}{r}\right)} dr^2 - r^2 d\Omega^2$$

史瓦西半徑

$$r_s = \frac{2Gm}{c^2}$$

若 $r \gg r_s$
史瓦西度規成為平坦時空的閔考斯基度規

$$ds^2 = c^2 dt^2 - (dr^2 + r^2 d\Omega^2)$$

空間部分通常的球座標

圖 6-1-1 史瓦西度規和球座標

史瓦西度規中最重要的物理量是史瓦西半徑 r_s（$= 2Gm/c^2$）。以上表示式中 G 是萬有引力常數，c 為光速，由此可知，史瓦西半徑 r_s 只與球體（星體）的總質量 m 成正比。也就是說，對每一個質量為 m 的星體，都有一個史瓦西半徑與其相對應。比如說根據太陽的質量，計算出太陽的史瓦西半徑大約是 3km，而地球的史瓦西半徑只有 9mm。可以這樣來理解太陽和地球的史瓦西半徑：如果將太陽所有的質量都壓進一個半徑 3km 的球中，或者是將整個地球全部擠進一個小球中，那麼太陽（或地球）就變成了一個黑洞。它們附近的重力場非常巨大，能夠將運動到其附近的物質通通吸進去，光線也不能逃逸，因此從外面再也看不見它們。

如此根據質量算出來的史瓦西半徑 r_s 在數學上是什麼意思呢？我們仍然從圖 6-1-1 中史瓦西度規的表示式來理解。可以這麼說，史瓦西半徑

將時空分成了兩部分：

離球心距離 r 大於史瓦西半徑的部分和小於史瓦西半徑的部分。如果離球心距離 r 大大地大於史瓦西半徑，比值 (r_s/r) 趨於 0，史瓦西度規成為平坦時空中的閔考斯基度規。這是符合天文觀測事實的，在遠離天體的地方，重力場很小，時空近於平坦。只有在史瓦西半徑附近和內部，時空度規才遠離平坦，時空彎曲程度急遽增大。

從圖 6-1-1 中史瓦西度規的表示式可見，有兩個 r 的數值比較特別，一個是 $(r = r_s)$，一個是 $(r = 0)$。這兩個數值都導致史瓦西度規中出現無窮大。不過，數學上證明，第一個在史瓦西半徑處的無窮大是可以靠座標變換來消除掉的假無窮大，不算是奇異點，只有 $r = 0$ 處所對應的，才是重力場方程式解的一個真正的「奇異點」。

史瓦西半徑處雖然不算奇異點，但它的奇怪之處卻毫不遜色於奇異點。首先，當 r 從大於史瓦西半徑變成小於史瓦西半徑，度規中的時間部分和空間部分的符號發生了改變。這是什麼意思呢？好像是時間 t 變成了空間 r，空間 r 變成了時間 t。這對我們習慣使用經典時間與空間觀念的腦袋而言，是無法理解的。也許我們可以暫時不用去做過多的「理解」，只記住一句話：「史瓦西半徑以內，時間和空間失去了原有的意義」。我們也沒有必要對史瓦西半徑以內的情況做更多的想像，因為我們無法活著到達那裡，根本不知道在那裡發生了什麼，並且現在看來，我們永遠也不可能真正切身用實驗來檢驗那裡時空的奇異性。那是一個界限，是等同於許多年之前米歇爾（John Michell）和拉普拉斯稱之為光也無法逃脫的「暗星」的界限。當初的牛頓力學只能預測說，如果質量集中在如此小的一個界限以內，光線也無法逃逸，外界便無法看到這顆「暗星」。而根據廣義相對論，除了無法逃逸之外，還帶給我們許多有

關時間與空間的種種困惑，也許這些困惑的解決能給予我們對時間和空間的更深刻的認識，從而促成物理學的新革命，促成重力和量子理論的統一。

總而言之，史瓦西度規雖然有奇怪的結果，但實際上卻非常簡單，簡單到就是一個半徑和被該半徑包圍著的一個奇異點。因為在這個半徑以內，外界無法得知其中的任何細節，我們將其稱之為「視界」。視界就是「地平線」的意思，當夜幕降臨，太陽落到了地平線之下，太陽依然存在，只是我們看不見它而已。對一個太陽質量大小的星體，如果因為某種原因，將其所有的質量都壓縮到了半徑小於 3km 的球體中，那麼任何東西都逃不出來，即使是光線。對外界的觀察者而言，這個星體完全變成「黑」的，於是物理學家惠勒為它取了一個名字：「黑洞」。

2. 黑洞無毛 ——

　　重力場方程式的精確解不止史瓦西度規一個。因此,基本的黑洞種類也不僅僅只有史瓦西黑洞。

　　如果所考慮的星體有一個旋轉軸,星體具有旋轉角動量,這時候得到的重力場方程式的解叫做「克爾度規」。克爾度規比史瓦西度規稍微複雜一點,有內視界和外視界兩個視界,奇異點也從一個孤立點變成了一個環。

　　比克爾度規再複雜一點的重力場方程式解,稱為「克爾 - 紐曼度規」,如圖 6-2-1 所示。它是當星體除了旋轉之外還具有電荷時而得到的時空度規。對應於這幾種不同的度規,也就有了四種不同的黑洞:無電荷、不旋轉的史瓦西黑洞;帶電荷、不旋轉的紐曼黑洞;旋轉、無電荷的克爾黑洞;旋轉、帶電的克爾 - 紐曼黑洞。

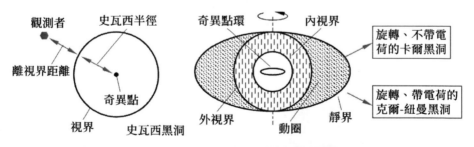

圖 6-2-1 史瓦西黑洞和克爾 - 紐曼黑洞

　　這些黑洞都是人們根據重力場方程式得到的精確解。少數物理學家和天文學家從 1930 年代就開始考慮恆星的重力塌縮問題,認為在一定的

條件下，天體最後的歸宿有可能是「黑洞」。但是，愛因斯坦和愛丁頓等人當時卻不願意接受這種「怪物」，不承認這些解是對黑洞的預言。當年愛丁頓在愛因斯坦的支持下對年輕學子錢德拉塞卡的打壓便是一個典型的例子。錢德拉塞卡在 28 歲時研究重力塌縮，得到錢德拉塞卡極限，研究出他一生中最重大的成果，卻直到 73 歲時才因此成果而獲得諾貝爾物理學獎。在 1939 年，愛因斯坦還曾經發表一篇與廣義相對論相關的計算文章，解釋了史瓦西黑洞在宇宙空間中不可能真實存在 [21]。

儘管愛因斯坦早年不承認存在重力波，也不認為宇宙中會真有黑洞，但人們還是固執地將這兩項預言的榮耀光環戴在他的頭上，因為這是從他的廣義相對論理論匯出的必然結果。愛因斯坦去世後，黑洞的研究風行一時。1960 年代開始，大多數物理學家開始認真地看待黑洞，開始了黑洞研究的黃金時代。活躍在當年「黑洞研究」學術界的，是三位主要的帶頭人和他們的徒子徒孫。這三位物理學家是美國的約翰·惠勒、莫斯科的雅科夫·鮑里索維奇·澤爾多維奇（Yakov Borisovich Zel'dovich）和英國的丹尼斯·夏瑪（Dennis Sciama）。惠勒是諾貝爾獎得主費曼（Richard Feynman）的老師，夏瑪是霍金（Stephen Hawking）的指導教師。

1980 年代初，筆者到美國德州大學奧斯汀分校的物理系相對論中心讀博士，當時那裡薈萃了研究廣義相對論和重力的好幾位大師級人物，惠勒和夏瑪都在其中，還有引力量子化的奠基人布萊斯·德威特（Bryce DeWitt），以及屬於年輕一輩的菲利普·坎德拉斯（Philip Candelas）等。之後又來了諾貝爾獎得主，寫《最初三分鐘：關於宇宙起源的現代觀點》（*The First Three Minutes: A Modern View of the Origin of the Universe*）一書的溫伯格（Steven Weinberg）教授。

我的指導教授，布萊斯·德威特的夫人塞西爾·德威特（Cécile De-Witt）是數學物理方面的專家，是中國著名物理學家彭恆武早年在都柏林的學生[22]，我跟隨她研究重力波的黑洞散射問題。雖然當時黑洞研究的黃金時代已經過去，但幾位教授和他們的學生仍然在為統一引力（重力）和量子理論而奮發努力。在這樣的強「引力」環境下，當時大家對重力波和黑洞的存在，沒有什麼可懷疑的。事實上，在過去 100 年間，廣義相對論已經透過了許多觀測事實的考驗，類似黑洞性質的天體的存在，也是主流天文界的共識。

後來筆者博士畢業後，在奧斯汀分校的超短脈衝實驗室工作了 3 年。有意思的是，當時和筆者一起工作的兩個博士學生中的一個，便是這次 LIGO 宣布重力波消息的 LIGO 負責人，大衛·萊茲（David Rei-tze）。我們還曾經合作發表過論文[23]。

在奧斯汀和惠勒一起工作的經歷使我受益匪淺。記得惠勒平時的言語中充滿哲理：沒有定律的定律、沒有物質的物質。惠勒總是善於用形象化而發人深省的詞彙來命名物理學中的事物，黑洞的名字便是典型例子。後來，他又提出並命名了「黑洞無毛定理」，見圖 6-2-2。

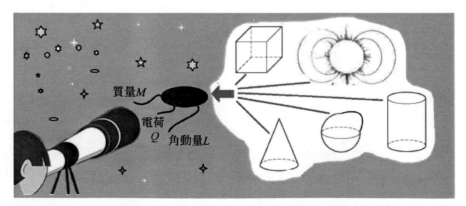

圖 6-2-2 黑洞無毛定理

　　據說黑洞這個詞以及黑洞無毛的說法，一開始被專業人士抵制，認為它暗含了某種淫穢的意義，有傷風化，難登科學理論的大雅之堂。但社會大眾的反應有時候是科學家們難以預料的。人們欣然地接受並喜愛這兩個詞彙，沒人笑話，也很少有人往歪處去想。反之，這兩個詞彙催生了不計其數的科幻作品，讓神祕高雅的科學概念走向普通民眾。事實證明，那些莫名其妙的「抵制」只是庸人自擾。

　　黑洞無毛定理，是對經典黑洞的簡單性敘述。也就是說，無論什麼樣的天體，一旦塌縮成為黑洞，它就只剩下電荷、質量和角動量三個最基本的性質。質量 M 產生黑洞的視界；角動量 L 是旋轉黑洞的特徵，在其周圍空間產生渦旋；電荷 Q 在黑洞周圍發射出電力線，這三個物理守恆量只確定了黑洞的性質。因此，也有人將此定理戲稱為「黑洞三毛定理」。

　　物理規律用數學模型來描述時，往往使用盡量少的參數來簡化它。但這裡的「黑洞三毛」有所不同。「三毛」並不是對黑洞性質的近似和簡化，而是經典黑洞只有這唯一的 3 個性質。原來星體的各種形狀（立方體、錐體、柱體）、大小、磁場分布、物質構成的種類等等，都在重力塌縮的過程中丟失了。對黑洞視界之外的觀察者而言，只能看到這 3 個（M、L、Q）物理性質。

3. 霍金輻射 ——

上面介紹的「無毛」黑洞，是不考慮量子效應的、廣義相對論的幾個精確解所描述的經典黑洞。如果從熱力學和量子的觀點來考察黑洞，情況就複雜多了。

雅各布·貝肯斯坦（Jacob Bekenstein）是惠勒的學生，他首先注意到黑洞物理學中某些性質與熱力學方程式的相似性。尤其在 1972 年，史蒂芬·霍金證明了黑洞視界的表面積永不會減少的定律之後，貝肯斯坦提出了黑洞熵的概念。他認為，既然黑洞的視界表面積只能增加而不會減少，這點與熱力學中熵的性質一致，因此就可以用視界表面積來衡量黑洞的熵[24]。

這在當時被認為是一個瘋狂的想法，遭到所有黑洞專家的反對。因為當年的專家們都確信「黑洞無毛」，它可以被 3 個簡單的參數所唯一確定，那麼黑洞與代表隨機性的「熵」應該扯不上任何關係；唯一支持貝肯斯坦瘋狂想法的黑洞專家是他的指導教師惠勒。在我讀理論物理學史所得到的印象中，惠勒似乎總是支持任何瘋狂的想法。當年惠勒的另一個學生：休·艾弗雷特（Hugh Everett III），也是在惠勒的支持下，因提出量子力學的多元世界詮釋而著名。惠勒自己就曾經有過許多瘋狂的念頭。惠勒最著名的學生費曼曾經這樣說：「有人說惠勒晚年陷入了瘋狂，其實惠勒一直都很瘋狂。」

於是，貝肯斯坦在老師的支持下建立了黑洞熵的概念。然而隨之帶來一個新問題：如果黑洞具有熵，那它也應該具有溫度；如果有溫度，即

使這個溫度再低，也就會產生熱輻射。其實這是一個很自然的邏輯推論，但好像與事實不符。不是說任何物質都無法逃離黑洞嗎？怎麼又可能會有輻射呢？但當時的貝肯斯坦畢竟思想還「瘋狂」得不夠，他並沒有認真去探索黑洞有無輻射的問題，而只是死死咬住「黑洞熵」的概念不放。

還是霍金的腦子轉得快。其實，最早意識到黑洞會產生輻射的人並不是霍金，而是莫斯科的澤爾多維奇。霍金從與貝肯斯坦的爭論中，以及澤爾多維奇等人的研究中得到啟發，意識到這是一個將廣義相對論與量子理論融合在一起的一個開端。於是，霍金進行了一系列的計算，最後承認了貝肯斯坦「表面積即熵」的觀念，提出了著名的霍金輻射[25]。

霍金輻射產生的物理機制是黑洞視界周圍時空中的真空量子漲落。根據量子力學原理，在黑洞事件邊界附近，量子漲落效應必然會產生出許多虛粒子對。這些粒子、反粒子對的命運有三種情形：一對粒子都掉入黑洞；一對粒子都飛離視界，最後相互湮滅；第三種情形是最有趣的：一對正反粒子中的一個掉進黑洞再也出不來，而另一個則飛離黑洞到遠處形成霍金輻射。這些逃離黑洞引力的粒子將帶走一部分質量，從而造成黑洞質量的損失，使其逐漸收縮並最終「蒸發」消失（圖 6-3-1）。

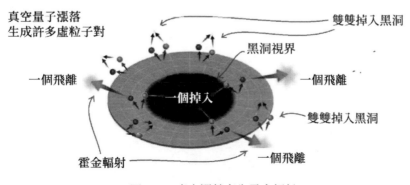

圖 6-3-1 真空漲落產生霍金輻射

第六章
黑洞物理

霍金輻射導致了所謂的「資訊丟失悖論」，對此，專家學者們至今仍舊在不斷地爭論和探討中。首先，黑洞由星體塌縮而形成，形成後能將周圍的一切物體全部吸引進去，因而黑洞中包括了原來星體的大量訊息。而根據「霍金輻射」的形成機制，輻射是由於周圍時空真空漲落而隨機產生的，所以並不包含黑洞中任何原有的訊息。但是，這種沒有任何訊息的輻射最後卻導致了黑洞的蒸發、消失，那麼原來星體的訊息也都隨黑洞蒸發而全部丟失了；可是量子力學認為訊息不會莫名其妙地消失。這就造成了黑洞的資訊悖論。

此外，產生「霍金輻射」的一對粒子是互相糾纏的。處於量子糾纏態的兩個粒子，無論相隔多遠，都會相互糾纏；即使現在一個粒子穿過了黑洞的事件視界，另一個飛向天邊，似乎沒有理由改變它們的糾纏狀態。

為解決資訊悖論，黑洞專家們發起了一場「戰爭」，在美國史丹佛大學教授李奧納特·色斯金（Leonard Susskind）的《黑洞戰爭》（*Black Hole War*）一書中，對此有精彩而風趣的敘述[26]。

黑洞資訊悖論的實質是廣義相對論與量子理論的衝突。唯有當有了個能將兩者統一起來的理論，才能真正解決黑洞悖論的問題。

4. 宇宙中的恆星黑洞 ——

　　理論物理學家們從廣義相對論和熱力學、量子理論的角度深刻探討黑洞的本質，天文學家們則充分利用他們擁有的觀測手段，在茫茫宇宙中尋找黑洞，或者說行為與黑洞相似的天體。

　　這種尋找過程的確猶如大海撈針，但針是金屬，表面還會反光；然而黑洞呢，它們不斷吸入周遭的物質，卻從不放出任何訊息。雖然理論上有霍金輻射，但卻十分微弱，實際上完全無法探測到，利用光和電磁波的反射、折射、吸收等性質是天文探索的基本手段。由此可見，尋找黑洞是難上加難。

　　尋找的範圍當然是越近越好。但是，我們的太陽系中不像有黑洞存在。正如我們在前面幾章中所介紹的，大多數天體物理學家認為黑洞是恆星演化多年之後的歸宿之一。那麼，我們就將眼光瞄準太陽之外的老年恆星。也許你會說，對呀，恆星老死後不是就變成黑洞了嗎？不發光沒有關係啊，只需要在夜空中尋找那種有運動、有引力的暗黑天體就可以了。但任何事都是說起來容易做起來難。要知道黑洞的質量雖大，體積卻非常小。一個約是 10 倍的太陽質量的恆星，塌縮成黑洞之後只有 30km 大小，我們從地球上觀測這顆太陽系之外的星體，視角之小，就像登上月球的太空人觀測地球人的一根頭髮一樣，這是目前的觀測工具無法達到的精確度。

　　當年的幾位黑洞專家中只有莫斯科的澤爾多維奇熱衷於在宇宙中尋找真正的「黑洞天體」。澤爾多維奇提出透過觀察雙星系統來尋找黑洞。

這看起來是個不錯的想法，因為在雙星系統中，如果一個是看不見的黑洞，另外一個是明亮的普通恆星的話，黑洞的巨大質量必然會明顯地影響另一顆星體的運動。此外，根據天體物理學家們的研究結果，如果一顆明亮恆星和一個黑洞（或中子星）組成了雙星系統，黑洞的強大引力會從其伴星捕獲大量氣體形成吸積盤，並將盤中氣體加熱至高溫而發射出大量 X 射線。所以，這種在可見光範圍內「一亮一黑」的雙星系統，在 X 射線範圍內則是反過來：普通恆星是強光源、弱 X 射線源，而黑洞則是一個強大的 X 射線源。

正是根據對這種包含一個黑洞伴星的雙星系的「雙重」觀測，讓我們發現了不少黑洞候選者。也就是說，同時接受雙星系的可見光和 X 射線。

第一個被認為是黑洞候選星體的強 X 射線源是天鵝座 X-1，它還使得霍金和物理學家基普‧索恩為此打賭，前者說不是黑洞，後者說是黑洞，最後以霍金簽名、按手印認輸而結束。

這種因為恆星塌縮而形成的黑洞叫做「恆星黑洞」，它們的質量比太陽稍大，或者差不多是同一個數量級。據天文學家猜想，這種黑洞存在於宇宙空間的各個角落。就銀河系而言，應該有超過 1,000 萬個。但是，要真正完全確定哪些是黑洞、哪些不是，不是一個簡單的任務。

即使是在雙星系統中，只靠觀察到圖 6-4-1 所示的吸積盤和 X 射線噴流，還無法確定就一定是黑洞，因為這兩個現象對中子星也存在。區別黑洞和中子星的關鍵是這個星體的質量與大小。如何為黑洞「稱重」和「量身」呢？這些都是天文學中的難題，我們在此不詳細介紹了，有興趣的讀者請參考相關的書籍。

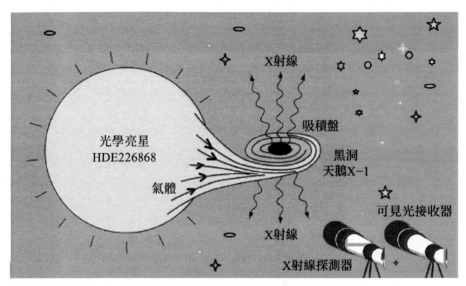

圖 6-4-1 亮星和黑洞組成的雙星系統

　　雙星系統中的黑洞並非永遠都是一個強 X 射線源。它輻射一段時間之後，往往需要沉睡一段時間，等待從伴星中吸積到了足夠多的氣體之後，才產生下一次的高能輻射。比如說離太陽系 7,800 光年的天鵝座 V404 黑洞，就在休眠了 26 年之後，於 2015 年初醒來了十幾天時間，吸積盤大爆發，成為那幾天最明亮的 X 射線爆發源，被日本天文學家首先觀察到。

5. 超大黑洞和極小黑洞 ──

　　除了恆星級的黑洞外，還有質量非常巨大的超大質量黑洞（$10^5 \sim$ 10^{10} 倍太陽質量）和質量很小的微型黑洞。超大質量黑洞通常存在於星系的中心。在微型黑洞的尺度，量子力學效應扮演了非常重要的角色，所以又將它們稱為「量子黑洞」，或稱為「原生黑洞」，是科學家們提出的一種假想黑洞。它們並不是由恆星坍塌而形成，是在大霹靂早期的宇宙高密度環境下產生。理論上，這種另類黑洞比普通黑洞更小，體積可以只有原子大小，質量卻相當於一座山（大於 10 億 t）的原生黑洞。天文上暫時尚未觀測到這類黑洞，因此我們不作更多的討論。

　　恆星黑洞是由理論物理學家預言，天文學家刻意尋尋覓覓才最終被觀察到的。超大質量黑洞的發現過程卻完全可以說是一個意外。它們的發現與無線電天文學的發展緊密相關。

　　根據目前天文界的共識，認為在很多星系中心，存在質量巨大的超大質量黑洞。比如說我們所在銀河系的中心，就有一個非常光亮及緻密的無線電波源 ── 人馬座 A^*。這顆星的位置就很有可能是離我們最近的超大質量黑洞的所在。

　　人馬座 A^* 正式被發現和命名是 1970 年代的事，但對那個位置處的無線電波源的觀測卻可追溯到 1930 年代。上一節中介紹過，雙星系中的恆星黑洞一般是一個強大的 X 射線源。星系中心暗藏著的巨型黑洞除了輻射 X 射線之外，還輻射大量無線電波。那是因為這種黑洞一般帶有電荷，並且圍繞中心高速旋轉，在其周圍形成了一個異常強大的磁場。

　　實際上，天文學家從天體接收到的可見光、X 射線、無線電波都屬於電磁波。只不過因為其頻率的不同而給予它們不同的名稱而已。當然，最重要的原因是因為頻率不同而使得所用的接收儀器不同。這其中可見光的頻率範圍為 $3.9 \times 10^{14} \sim 8.6 \times 10^{14}$ Hz。X 射線的頻率高於這個範圍，大約是可見光的 1,000 倍，無線電波的頻率則低於這個範圍。根據接收方法的不同，觀測可見光的裝置叫做光學望遠鏡，用無線電波來探測星體的研究則叫做無線電天文學。

　　卡爾‧央斯基（Karl Jansky）是一位美國無線電工程師，可算是無線電天文學先驅。他於 1932 年首先發現了來自銀河系中心的無線電波。當時有一位美國業餘天文學家格羅特‧雷伯（Grote Reber），得知了央斯基的研究後，對探索這個靠近銀河系中心的無線電波源產生了極大的興趣，決定在這個領域深入研究。他想進入當時央斯基所在的貝爾實驗室，但因為正值大蕭條時期，他沒有得到任何職位。雷伯鍥而不捨，決定在自己的家鄉、靠近芝加哥的惠頓鎮的母親住所的後院建立一個私人的無線電望遠鏡。這個望遠鏡於 1937 年完工，據說設計得比央斯基在貝爾實驗室的望遠鏡更先進，見圖 6-5 1。

圖 6-5-1 雷伯和他在母親後院建造的望遠鏡

　　他用這個儀器重做了央斯基早期的成果並進行了一些簡單的研究，在 1938 年成功地使用 160×10^6Hz 確認了央斯基的發現。

　　兩位無線電天文學家雖然最早觀測到了來自銀河系中心的無線電波，但並不知道它是如何產生的，也完全不知道銀河系中心有「超大質量黑洞」一說。仰賴於越來越精確的現代天文觀測和測量技術，以及黑洞物理理論的發展，人們才逐漸認識到，原來我們星系的中心處，就是一個天體物理學家「眾裡尋他千百度」的黑洞。據專家們猜想，這個黑洞的質量大約為太陽質量的 400 萬倍。

　　超大質量黑洞有兩個與我們概念中的黑洞印象有點不同的性質。首先，它們雖然質量巨大，但實際上平均質量密度並不大。因為，根據黑洞視界半徑的計算公式：$r_s = 2GM/c^2$，可得到平均質量密度 $\rho = 3M/4\pi r_s^3$，最終結果是，ρ 反比於質量 M 的平方。所以，質量超大的黑洞的平均密度可以很低，甚至比空氣的密度還要低。

　　超大質量黑洞的另一個特點是，在視界附近的潮汐力不是像通常想像得那麼強大。因為視界範圍很大，中央奇異點距離視界很遠。有多遠呢？視界半徑是和質量成正比的，太陽質量壓縮至一個黑洞的時候，視界半徑為 3km，那麼銀河系中心的黑洞質量是 400 萬個太陽質量，這個巨大質量黑洞的史瓦西半徑就應該等於 3km 的 400 萬倍，即 1,200 萬 km 左右。那麼，是不是指這種超大質量黑洞就不如我們想像的那般危險和可怕呢？也未必見得，如果真是黑洞的話，進去了卻出不來可不是好玩的！不過好在它們都距離我們太陽系遠遠的，暫時對人類沒有任何危害。另外，根據天體物理學家們的研究結果，星系中心的巨大黑洞可能對維持星系的穩定性有一定的作用。圖 6-5-2 所示的是超大質量黑洞的結構簡圖。

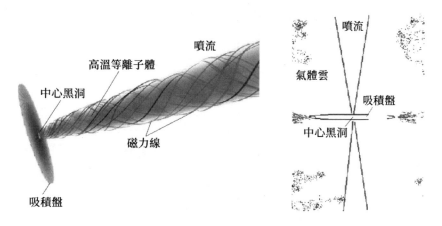

圖 6-5-2 星系中心的超大質量黑洞

6. 雙黑洞和重力波 ——

　　前面幾節中，我們從愛因斯坦方程式的精確解出發，介紹了黑洞的基本分類。LIGO 在 2015 年 9 月 14 日探測到的重力波的波源是兩個旋轉的克爾黑洞。因此，這個探測到重力波的事件也同時間接地確認了這兩個黑洞是宇宙空間中的真實存在。

　　1960 年代，天文學中有 4 個重大的發現：星際有機分子、微波背景輻射、脈衝星和類星體。這 4 個發現都是由研究無線電天文方法探測到的無線電波而得到的結論。星際有機分子的發現有助於人類深入了解星雲，也有可能由此揭開生命起源的奧祕。其餘的三個發現都與「重力」有關，也就是說，直接或間接地為 100 年之前愛因斯坦建立的廣義相對論提供了實驗觀測的證據。

　　半個世紀之前被兩位美國工程師所觀察證實的微波背景輻射，為基於廣義相對論來描述宇宙的誕生和演化過程的大霹靂模型提供了十分重要的依據。微波背景輻射使宇宙學成為一門精準的實驗科學，對微波背景輻射圖細節的分析和研究至今仍方興未艾，詳情在本書的後面章節中還會介紹。

　　脈衝星實際上是中子星，即核心由中子構成。廣義相對論建立之後，天體物理學家們也用這個理論來研究恆星的演化過程，恆星的生命歷程是與其質量大小緊密相關的，本質上也就是與重力相關。諸如太陽大小的恆星，壽命大約為 100 億年。我們的太陽正值中年，或者說，大約再過 50 億年之後，太陽會爆發成紅巨星，然後冷卻成為白矮星，最後

有可能變為黑矮星。但質量超過 3 倍太陽的恆星命運與太陽不一樣了，它們在爆發成紅巨星和超新星之後，因為自身強大的重力，它們最後將「塌縮」成中子星或黑洞。脈衝星在 1967 年 10 月，被休伊什和他的女研究生貝爾發現。

類星體為什麼叫類星體呢？這是因為如果用光學望遠鏡觀測它們的外貌，看起來與恆星（星體）似乎沒有任何區別。但是，觀察到的它們的「紅移」值非常大，又不可能是恆星，因此便被稱為「類星體」。從類星體的紅移值來看，它們更像是星系。從類星體的光度變化週期來判定它們的大小，發現其大小卻遠遠小於一般星系。類星體的尺度雖小，輻射能力卻相當大。另外還有一些難以解釋的特點，以及後來大量的觀測數據，使得人們將它們與黑洞連繫在一起。

之後，發現了類星體的宿主星系後，天文學的主流觀點基本上認為類星體是年輕而活躍的星系核，是星系發展早期的一段過程，叫做「活躍星系核」（active galactic nucleus，AGN）階段。而在星系核的中心，是一個巨大的超大質量黑洞。在黑洞的強大引力（重力）作用下，一些塵埃或恆星物質圍繞在黑洞周圍，形成了一個高速旋轉的吸積盤。外部的物質被吸進吸積盤，而捲入到黑洞視界以內的物質則不停地掉入黑洞裡，被黑洞吞噬，巨大的物質噴流從與吸積盤平面相垂直的方向高速噴出，同時伴隨著大量的能量輻射。類星體最後將會演化成如跟我們銀河系這樣的螺旋星系，或者是橢圓星系。

最有意思的是，後來天文學家們觀察到一些擁有兩個超大質量黑洞的類星體，這大大激發了人們的興趣。黑洞既然會吞噬周圍的一切，那麼兩個黑洞碰到一起會發生什麼呢？最簡單、最直觀的猜測應該是：它們將互相吞噬，最後合併成一個更大的黑洞。在這個碰撞融合的過程

中，一定會以重力波的形式釋放大量能量，見圖 6-6-1。

　　第一個在吸積盤內發現有雙超大質量黑洞的類星體是位於室女座的 PKS1302-102，它距離地球 35 億光年。這個類星體位於一個橢圓星系內。根據計算，這兩個黑洞應在 33.39 億年前就已經互相吞噬、合併了，但合併後的景象傳到我們這裡需要 35 億年。這些光的訊息還在半路上，因而我們仍然觀測到「雙黑洞」。不過。從現在開始，從這個類星體接收到的訊息應該是非常精彩的，能讓我們看到兩個黑洞如何碰撞、合併。

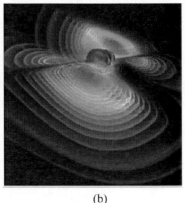

(a) (b)

圖 6-6-1 雙黑洞類星體

（a）雙黑洞系統，例如：PKS1302-102；（b）碰撞合併發出巨大的重力波

　　此外，除了光的訊號之外，還有重力波，這是愛因斯坦在天國裡也「夢寐以求」的東西。根據天體物理的理論，重力波按照光速傳播，那麼碰撞合併事件中的重力波應該可以被探測到。於是，雙黑洞的類星體或者其他類別的雙黑洞體系，便成為探測重力波的熱門候選天體。近幾年，美國 LIGO 的觀測目標便指向了這類天體。美國花費巨資更新的 LIGO 還沒有正式投入運轉，就接收到了雙黑洞碰撞融合時發出來的重力波。

單個旋轉的黑洞可以用克爾度規來描述，但如果是兩個黑洞糾纏在一起旋轉融合，就不可能用重力場方程式的精確解來描述了。造成這種複雜性的原因之一是因為重力場方程式是非線性的，無法使用線性方程式解的疊加原理。不過，在這種時候，天體物理學家們往往是藉助於現代計算技術的強大威力，用電腦來模擬兩個克爾黑洞互相融合的過程。圖 6-6-2 便是從電腦模擬得到的兩個黑洞碰撞並融合過程的示意圖。

如何判定 GW150914 事件接收到的重力波是真正來自兩個黑洞合併的過程呢？

如圖 6-6-3 所示，雙黑洞系統的演化包括 3 個階段：旋近（inspiral）、合併（merger）和衰盪（ring down）階段。當兩個黑洞互相靠近時，發射出的重力波頻率逐漸增加，合併時增至最大。後來，合併成了一個克爾黑洞之後，系統的四極矩減小，因而發射重力波的能力也很快減小，使得重力波的振幅減小，進入衰盪階段，並且重力波很快就消失了。因為理論證實，一個單獨的旋轉黑洞只有偶極矩，沒有四極矩，不會輻射重力波。另外，從圖 6-6-3（b）中可以看到，重力波的實驗數據與雙黑洞的相對論數值計算結果很好地相符，有足夠的理由認定這是兩個天體互相靠近融合的過程。兩個天體也可以是中子星或別的，為什麼一定是黑洞呢？這可以從圖 6-6-3（c）中給出定性的解釋。從圖中可見，黑洞的執行速度隨著時間增加而急遽增大，它們之間的距離則急遽減小。根據它們靠近的距離以及各自的質量，可以分別計算出它們的密度和大小，從而得出結論，只有兩個尺寸小、質量大的黑洞才符合這種運動狀態。

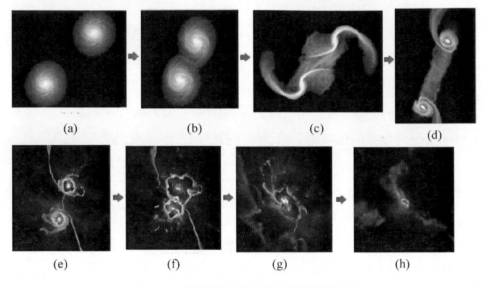

圖 6-6-2 兩個黑洞碰撞並融合的電腦模擬圖
（a）靠近；（b）吸積盤碰撞；（c）碰撞後；（d）核心分開；（e）引力吸引；（f）黑洞碰撞；
（g）合而為一；（h）新星系

　　我們在本章開始時曾經說過，不同領域的科學家對黑洞有不同的理解。造成這些不同理解的原因，實際上是因為我們對黑洞的本質還知之甚少。GW150914 事件對重力波的探測結果以及今後朝這個方向的進一步研究，將有助於深化我們對黑洞物理性質的認識。此外，對兩個黑洞碰撞融合過程的研究，也必定能得到大量有用的訊息。對黑洞的這三個不同方向的深入研究，也許能促成量子與重力理論的統一，對基礎物理學的研究意義將十分重大。這也就是為什麼人們認為，這次探測到重力波，在物理學上有著里程碑意義的作用。

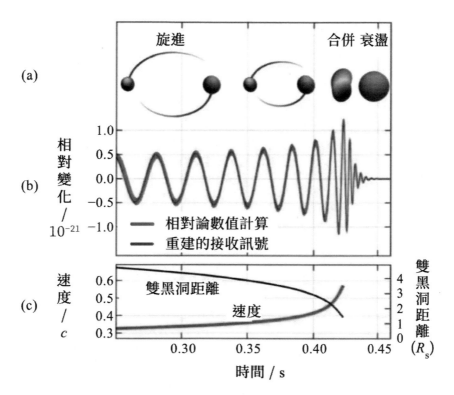

圖 6-6-3 雙黑洞系統在不同階段隨時間的演化圖（來源於 LIGO 所發布的文章）
（a）雙黑洞靠近、合併成一個黑洞的過程；（b）重力波（理論和實驗比較）；（c）黑洞
速度及間隔隨時間的變化

167

第七章
哈伯定律

　　愛因斯坦曾說：「關於宇宙最不可理解的是，它居然可以被理解！」此言精闢之至，令人印象深刻。

1. 欲上九霄攬銀河，浩瀚星海任遨遊 ——

　　哈伯是一個傳奇式的人物[27]，他一生的作為，總和「明星」連繫在一起。眾所周知，哈伯是研究天上的星星的「星系天文學」之父。在美國加利福尼亞州的威爾遜山上，他叼著菸斗「看星星」；在山下距離不遠處的好萊塢，他是影星們心目中的英雄和偶像；鮮為人知的是，哈伯自己就是一個擅長各類運動的體育明星。年輕時候，他在籃球、網球、橄欖球、跳高、鉛球、射擊等許多體育項目上都有突出的成績。

　　哈伯生於美國密蘇里州一個普通保險從業員的家庭。在芝加哥大學學習數學和天文時，他就因作為一名重量級拳擊運動員而聞名全校。1919 年，他參加的芝加哥籃球隊獲得冠軍（圖 7-1-1（c））。後來，他遵循父親的期望，到英國牛津大學學習法律，在那裡他也是以體育明星而著名，還曾經在一場表演賽中與法國拳王冠軍交手。

(a)　　　　　　　　　(b)　　　　　　　　　(c)

圖 7-1-1 傳奇人物哈伯

（a）哈伯；（b）在威爾遜山天文臺；（c）1919 年芝加哥大學籃球冠軍

不過，在廣泛的興趣中，哈伯最熱衷的事情還是天上的星星和隱藏在茫茫夜空中的祕密，這個願望在他從芝加哥大學獲得了天文學博士並受聘於威爾遜山天文臺之後得以實現。

看中哈伯的是當時美國著名天文學家喬治‧海爾（George Hale）。海爾的生平也不簡單，他出生於芝加哥，從小表現出對天文觀測的濃厚興趣。海爾的父親是一個頗為成功的電梯商人，十分重視對兒子的教育，並且盡力支持兒子的事業。海爾從麻省理工學院畢業後便希望建立自己的天文臺，老海爾為了鼓勵兒子，贊助他在芝加哥海德公園自己住所的頂樓上安裝了一臺 12 英吋[001]的望遠鏡進行大文觀測。心高氣傲的海爾出任芝加哥大學的教授之後，夢想建立一個世界最頂級的天文臺。這時候父親的贊助已經滿足不了他的胃口，因而父親只能在 1896 年送了他一塊口徑 60 英吋、厚度 7.5 英吋、重 860 公斤的大玻璃。8 年之後，海爾獲得卡內基研究所的一筆基金，開始請人用這塊玻璃研磨望遠鏡的鏡面，準備在舊金山建造天文臺。1906 年，剛研磨好的玻璃還差一點就毀於大地震。後來，這架望遠鏡於 1908 年 12 月 8 日在威爾遜山天文臺正式啟用，算是當時世界上最大的望遠鏡。

海爾善於言辭，言辭善於鼓動人心，擅長向富商籌集經費，因而促成了好幾個大型天文臺的建立。他於 1904 年至 1923 年出任威爾遜山天文臺的臺長，並慧眼識英雄，注意到了哈伯的天文觀測才能，於 1919 年聘用了哈伯。

哈伯來到威爾遜山天文臺時，海爾已經在那裡安裝了世界上最先進的天文觀測儀器，尤其是一臺口徑為 2.5 公尺的虎克望遠鏡。這是海爾

---

[001]   1in ＝ 2.54 cm

苦口婆心說動洛杉磯富商虎克（John Hooker）掏錢建造的。這架望遠鏡為哈伯立下了不少汗馬功勞。哈伯是海爾四處勞苦奔忙求贊助的最大受益者，他使用虎克望遠鏡，確定了許多原先觀測、記錄到的所謂「星雲」，實際上是銀河系外的星系。這個結論讓天文學家們大開眼界，真正認識了宇宙的尺度之大，並且後來的成果不斷湧現。

天上的星星有不同的星等，哈伯根據星系的星等計算出它們離地球的距離。離威爾遜山下不遠的洛杉磯的好萊塢，也聚集了各種不同「星等」的明星。難得有科學家像哈伯這樣，成為明星們崇拜的「科學明星」。他那高高的運動健將似的身材、口叼菸斗的瀟灑紳士風度和說話時的英國口音吸引了眾多電影界重量級人物，如大名鼎鼎的卓別林（Charlie Chaplin）、導演法蘭克・卡普拉（Frank Capra）、女星海倫・海斯（Helen Hayes）等，都成了哈伯的好朋友。驅車上山參觀天文臺上哈伯的望遠鏡，成了明星們當年的時尚。

人類觀天的能力是隨著望遠鏡技術的改變而進步的。當我們用肉眼仰望天空，能看見一顆顆的星星，也會看見一片片的「星雲」。因此，星雲最開始是人們對肉眼辨認不清的星群的稱呼。後來人們卻發現，最初稱之為「星雲」的東西，有些是真正的氣體及塵埃形成的「雲」，有些實際上是很多星星聚集在一起形成的，看似雲而不是雲。在哈伯的年代，人們對銀河系已經有了比較明確的概念，但後來發現了不少的「漩渦星雲」（即螺旋星系），它們使天文學家們困惑不解：這些漩渦星雲是否仍然屬於銀河系呢？還是獨立於河外的其他「島宇宙」？大家觀點不一，莫衷一是。

要解決漩渦星雲之謎，關鍵問題是測量這些星雲與地球的距離。本書的第五章第 1 節中，簡單介紹過天文學中測量距離的方法，天體離地

球越遠，直接測量其距離就越困難。對遠處星雲距離測量的關鍵，是要使用某種方法預先猜想出其中某些天體的真實發光能力，即絕對星等。這裡再重溫一遍第五章第 1 節中提到過的絕對星等 M 的定義：把天體放在約 32.616 光年處觀測到的視星等。或者說，如果能在一片星雲中找出一個「標準燭光」，測量出它的視星等 m，就能夠根據公式：$M = m + 5 - 5\lg D$，估算出星雲離我們的大概距離 D。

造父變星可以作為星雲的一種標準燭光。什麼是造父變星呢？這又得從變星講起。

大多數星星的亮度比較固定，或者說，變化時間相當長。但有一部分星星的亮度，在我們所觀測到的時間範圍（比如幾天到幾十天）內有明顯變化，被稱為「變星」。其亮度變化的原因基本有兩種，一種是外部運動造成觀察時亮度變化的假象，比如雙星互繞時形成週期性的相互遮掩。第二種則是來自於恆星內部某種複雜的物理演化機制，使得它們的電磁輻射過程不穩定，比如說恆星體積週期性膨脹、收縮造成的光度變化。

造父變星是一種亮度隨時間呈週期性變化的變星。這個古怪的名字來自於中國古代的一個人名，指的是歷史上一個善於馴馬的能人。後來，「造父」又變成了星官名。星官是中國古人對星座的叫法，他們將仙王座中的 δ 星叫做「造父一」。「造父一」作為恆星很早就被觀測到，但作為變星，卻是直到 1784 年才被英國青年天文學家古德利克（John Goodricke）發現。造父一的亮度按照週期變化：增亮，變暗，再增亮，再變暗，大約 5.36634 天一個週期。後來人們又發現了許多與造父一類似的變星，因此就將這一大類恆星稱為「造父變星」。造父變星的光變週期有長有短，大多在 1 ～ 50 天之間，也有少數上百天的。大家熟悉的北極星也是一顆造父變星。

1912 年，美國天文學家亨麗埃塔·勒維特（Henrietta Leavitt）研究大麥哲倫星雲中的 25 顆造父變星，發現了一個非常重要的規律：它們的光變週期與它們的亮度成正比。上面的說法也被稱為「造父變星週光關係」。勒維特得到的週光關係中，「亮度」本來指的是 25 顆造父變星的「視星等」，但是卻可以認為它們等同於「絕對星等」。為什麼呢？因為這 25 顆造父變星屬於同一個星雲，它們與地球的距離可以當作是相同的。在同樣的距離下，視星等也就反映了真實的發光能力。因此，週光關係一般可以被表述為：同一類造父變星的絕對星等 M 與光變週期 P 成正比。

從天文學中已經觀察到的造父變星的數據，可以得到它們的週光關係曲線。然後，對某個未知距離的造父變星，你只要觀測到了它的光變週期，將週期的數據放到週光關係曲線中去，就可以知道它實際應該有多亮，也就是知道了它的絕對星等。但是，你觀測到的視星等不一定剛好等於這個絕對星等，根據視星等和絕對星等的差距，便可以算出它與地球的距離。再進一步，星系中某個造父變星到地球的距離，也就代表了其所在的星團或星系到地球的距離。因此，造父變星又被人們譽為「量天尺」。

哈伯用虎克望遠鏡拍攝了一批漩渦星雲的照片，並在這些星雲的外圍區域中辨認出了許多造父變星。哈伯興奮無比，有了這些量天尺，就不難算出這些星雲與地球的距離了。知道了距離，也就能判定它們究竟是位於銀河系以內還是以外，因為當時測定的銀河系直徑約為 10 萬光年。

1925 年元旦，哈伯在美國天文學會的一次會議上宣讀了自己的一篇論文，宣布他用虎克望遠鏡發現了仙女星雲和三角座星雲中的一批造父

變星。經過對這些造父變星的測量和推算，這兩個星雲距離地球大約 90 萬光年。這個數字大大地超過了銀河系的大小，因此仙女星雲和三角星雲被最早確定為是有別於銀河系之外的「島宇宙」，人們稱它們為「河外星雲」。

透過哈伯的望遠鏡，世界突然變大了，從原來銀河系的 10 萬光年伸展到了上百萬光年，似乎還繼續伸展至無窮。有了開頭，後面一個一個的「島宇宙」不斷被發現。實際上，許多星雲早已經被觀測到，我們曾經介紹過的早於哈伯的天文學家威廉·赫歇爾，就已經完成收錄了多達 5,000 個星雲的目錄。哈伯發現仙女星雲、三角星雲為河外星系之後，大家所做的，只是尋找它們中的造父變星，然後估算它們的距離，從而確定它們的「河外」或「河內」身分而已。

除了造父變星之外，超新星是亮度比造父變星亮得多的標準燭光。超新星指的是原來就存在但某段時間突然爆炸的恆星。爆炸原因是重力塌縮引起極強的核融合。在爆炸的短時間內，它的光度會超過整個星系的光度，使得這顆星在幾個星期甚至幾個月內肉眼可見。人類記錄到的第一顆超新星是中國天文學家在西元 185 年觀察到的。超新星爆發是難得一見的天文現象，正像兩個黑洞碰撞等事件一樣，可遇而不可求。但因為觀察和研究這類非常明亮的天體對宇宙學意義重大，2011 年度諾貝爾物理學獎頒發給了三位與超新星的測量及搜尋方法作出突出貢獻的物理學家。

哈伯確定河外星系的先驅工作，為天文學開闢了一個新的發展方向：測量宇宙學。

有了上千個星系的數據，人類觀天的角度上升了一個境界。原來是站在地球上看銀河，現在則是站到了銀河上來看整個宇宙，將包括了億

萬顆恆星的每個星系,僅僅當成研究系統中一個小小的元素。這種把宇宙看作一個整體,研究大量星系在宇宙中的空間分布與運動,研究宇宙整體的結構、起源和演化的學科,稱之為「宇宙學」。在理論物理和哲學中,宇宙學的思想可能早已有之,但只是從哈伯開始,宇宙學才和天文測量密切關聯起來。

2. 光 —— 探索宇宙的利器 ⎯⎯⎯⎯⎯

　　縱觀天文學的歷史和研究方法，幾乎所有天文觀測的數據都是從光得到的。使用各類儀器，工作在各種波段，接收來自宇宙各類天體的各種輻射：可見光、X 射線、紫外線、紅外線、伽馬射線，全部都可以算是某種光。光本來就是一種電磁波，因此，當我們說光的時候，一般包括了從無線電波到伽馬射線的整個電磁頻率範圍。

　　作為一種電磁波，可測量的基本物理量有強度和頻率。通俗地講，亮度代表了強度，顏色則部分反映了光輻射的頻率。星星看起來五彩繽紛，有紅有藍有綠，是因為不同顏色與恆星的表面溫度有關。比如說太陽看起來是紅黃色，它的表面溫度大約是 6,000℃。表面溫度更高的恆星發出的光輻射頻率也更高，顏色便成為黃、白、藍等。如發白光的天狼星溫度大約為 10,000℃。

　　利用天體顏色與表面溫度的關係，天文學家們從觀察星體的顏色可以推算出它們的表面溫度。恆星演化都遵從一定的規律。因此，從表面溫度，再加上亮度和質量的數據，就大概能猜想到這顆星正處於演化的哪個階段，也就是說知道了它的年齡。通常年輕而質量又大的恆星，火氣正盛，發出的光是藍白色；逐漸變老到中年之後看起來便是橙色或紅色。不過，再老下去就難說了，比如接近死亡的白矮星發的也是白光，算是迴光返照時的垂死掙扎吧！

　　仔細研究來自星星的輻射光，發現它們並不是單一的頻率，觀測到的顏色是許多頻率分量的綜合。接收到的光波中，不同的頻率分量對總

強度有不同的貢獻,將貢獻大小按照頻率之高低展開,可得到輻射光的光譜。如太陽光通過稜鏡後,分解成了各種顏色的彩色光帶影像,就可粗略地當作是太陽輻射的光譜。

物理學家最感興趣的是一種線狀光譜,因為它和發射(或吸收)光的物質成分有關。物質元素中的電子被激發時,它會吸收光子躍遷至能量較高的軌道上;而當這個電子離開激發態時,又會輻射光子,返回到低能量的軌道。被吸收(發射)的光子頻率與兩個軌道的能量之差有關係,不同的元素有不同的軌道能帶結構,發射光的頻率便有與此結構對應的一些特別頻率數值。這就使得在元素的輻射光譜中的某些特殊頻率位置出現一條一條的「亮線」或者暗線(吸收譜線)。這些光譜線成為這種元素的特徵線,就好比是該元素的身分證一樣,看到了這些特徵線,就知道光源中包含這種元素成分。也就是說,天文學家們分析、接收到的恆星光譜,就可以確認該恆星由哪些元素組成以及它們的比例。比如圖 7-2-1(a)所示的是太陽光譜,從圖中可以看出,太陽中起碼包含了氫、鈉、鎂、鈣、鐵這些元素,因為在太陽光譜中查到了它們的「身分證」。

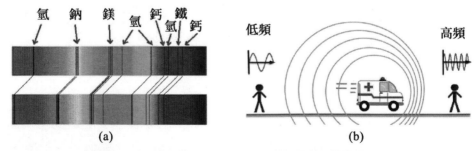

圖 7-2-1 太陽光譜和紅移(a)以及聲波的都卜勒效應(b)

1942 年,奧地利物理學家克里斯蒂安・都卜勒(Christian Doppler)用波動理論解釋了被後人稱之為「都卜勒效應」的一種物理現象。這種

現象在日常生活中司空見慣：一輛救護車鳴笛從你身旁飛馳而過，當救護車朝你開來的時候，警笛聲變得更尖細，即頻率增高；離你而去的時候聲音則變得更低沉，表明頻率變低。如圖 7-2-1（b）所示，因為右行的汽車與地球之間的相對運動，使其發射的聲波表現左右不對稱。從右邊觀察者看來聲音被壓縮，左邊觀察者接收到的聲波卻是被拉伸了。因為這個效應，從救護車警笛聲的高低變化，你可以判斷汽車是衝你而來，還是離你而去，這點僅僅靠你的耳朵就可以做到。如果你使用某種儀器，更精確地測量汽車笛聲的頻率變化了多少，便可以推算出救護車相對你的速度。

光波也有類似的都卜勒效應，反映在接收到遠處恆星的光譜線上，相對於地球上測量的元素譜線，這些譜線的位置有所移動。比如說，比較圖 7-2-1（a）中上下兩個光譜圖譜線的相對位置，你會發現下面一圖中所有的譜線，都是上面圖中的譜線朝左邊移動了一段距離後的結果。在圖中，左邊表示的是頻率更低（也就是更紅）的地方。與聲波類似，頻率變低了（紅移）說明光源在離開我們。如果光譜的譜線往頻率更高的地方移動，說明光源在靠近我們，這時候應該是「藍移」。不過，為了簡單起見，天文學中將這兩種情形都叫做「紅移」，用紅移值的正負來區別頻率是變高還是變低。

圖 7-2-2 描述的是光源與觀察者相對運動時產生的都卜勒效應。光源發射的是某頻率的綠光，相對於光源靜止的觀察者接收到該頻率的綠光。如果綠光光源向右運動，右邊觀察的人接收到藍光（藍移），左邊的觀察者接收到紅光（紅移）。

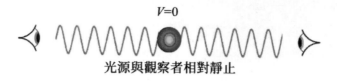

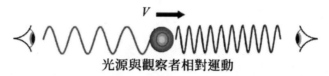

圖 7-2-2 運動光源對左右觀察者產生紅移和藍移

紅移可以定量地用測量到的波長的移動與原來波長的比值（相對移動）來定義：

$$z =（移動後波長－原來波長）/ 原來波長$$

紅移 z 的數值可正可負，正值代表波長變長的紅移，負值表示波長變短的藍移。

因為都卜勒效應引起的紅移與光源和觀察者的相對速度 V 有關，理論上可近似表示為一個線性關係：$z = V/c$，c 是光速。如果考慮狹義相對論效應，公式需根據勞侖茲變換而修正，不再是線性關係，但仍然與 V 有關，稱之為相對論性都卜勒紅移 $1 + z =（1 + V/c）\gamma$。其中 V 為勞侖茲因子。

都卜勒效應描述的是觀察者從不同的慣性參照系測量到的光波波長。紅移的數值只與光波發射時兩個慣性參照系的相對速度 V 有關，與波在空間的傳播過程無關。

實際上，天文學中恆星光譜產生紅移的原因不僅僅是上述的都卜勒效應，還有以下將介紹的宇宙學紅移和重力紅移。

（1）宇宙學紅移

在宇宙學中也需要考慮星體或星系間相對運動時因為都卜勒效應而引起的紅移。但是，通常所指的「宇宙學紅移」（cosmological redshift）是另外一種產生機制完全不同的紅移現象。宇宙學紅移不同於都卜勒紅移，紅移的原因不是因為觀察者和光源參照系之間的相對運動（實際上，在宇宙學的範圍，並不存在「慣性參照系」），而是因為波動在空間傳播的時候宇宙空間的膨脹或收縮所導致的光譜移動，是在宇宙學大尺度下更為顯著的光譜移動現象。

這裡需要強調的是，我們所謂的宇宙膨脹或收縮，是說宇宙時空的尺度變化了，與星系之間做相互運動的概念是兩碼事。如果宇宙膨脹，會使得看起來所有的星系都在遠離我們而去，宇宙收縮時所有星系都互相靠近，但這和星系之間的相對運動有所區別。如果星系之間相對運動，便會使得某些星系互相遠離，而另外一些星系互相接近，當觀察某個恆星發出的譜線時，有些星系觀察到紅移，另一些星系上則觀測到藍移。但是，宇宙的膨脹則使得所有的星系都在互相散開，在空中傳播的所有電磁波波長也都被拉開，造成所有星系中都將觀察到譜線的「紅移」。

可以用圖 7-2-3 中的兩個類比來說明空間的膨脹。圖中將空間類比於能伸縮的橡皮筋或者是可以吹氣脹大的氣球。由圖可見，因為橡皮筋伸長，或者氣球表面脹大，在其中傳播的電磁波的波長也被相應地拉長了。

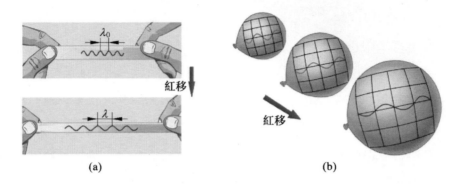

圖 7-2-3 空間膨脹使得波長紅移

（a）橡皮筋的空間拉長擴張了；（b）氣球空間膨脹

從圖 7-2-4 所示可以看出，在不斷擴張的宇宙中，光波的波長是在傳播的過程中逐漸紅移的，紅移的機制是由於空間尺度性質的變化。而都卜勒紅移與時空的性質無關，可以看作是從不同參照系得到的不同觀察效應。

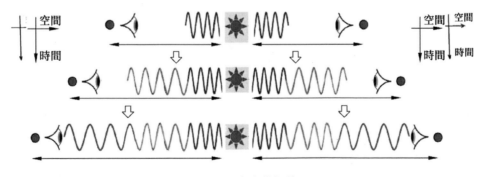

圖 7-2-4 宇宙學紅移

根據測量而定義的宇宙學紅移與都卜勒紅移一致，但因為理論解釋不同，宇宙學紅移不是與兩個星系之相對速度有關，而是與宇宙空間尺度變化的標度因子 $a(t)$ 有關，標度因子表示空間尺寸如何隨時間變化。紅移可簡單地用光線被接收時與被發射時宇宙空間標度因子的比值來表示：

$$1 + z = a\left(t_{接收}\right) / a\left(t_{發射}\right)$$

（2）重力紅移

根據廣義相對論，巨大重力場源發出的光線會發生紅移，稱之為「重力紅移」。

對可觀測到的重力紅移的貢獻來自兩個方面：一部分只與發射時光源所在處的重力場有關，是因為光源所在處重力場的作用使得時間膨脹，發出的光波比之沒有重力場時光波波長更長所致；紅移的另一部分貢獻則與在空間的傳播過程有關。是因為質量巨大的星體發射的光子在離開光源之後，受到其周圍重力場的作用而產生的譜線位置變化。

可以從能量的角度來理解重力紅移。如圖 7-2-5（a）所示，從強重力場向上發出的光波，可以類比於光子從一座高樓的底層傳播到高樓的頂端。相對於底層而言，位於頂樓的質量為 m 的粒子具有引力位能 mgh。光子沒有靜止質量，但具有能量 $E = h\nu$，ν 是光子的頻率。和有質量的粒子一樣，光子在頂樓比在底層具有更大的引力位能。這個位能從何而來？可以看成是光子紅移損失的能量轉換而來。因為紅光頻率比藍光頻率低，因而能量更小，損失的能量轉換成了光子的引力位能。

光波在宇宙中傳播，有時產生紅移，有時產生藍移，紅移量的大小與光源所在處的重力位以及傳播過程中空間的重力位有關。當光子從重力場大的區域發射到重力場小的區域，比如太陽到地球，光子需要克服重力而損失能量，因而產生紅移。反過來，如果光子從重力場小的區域發射到重力場更大的區域，則產生藍移，見圖 7-2-5（b）。簡而言之，可以用重力位 ϕ 在兩個位置的差別來近似估算重力紅移：

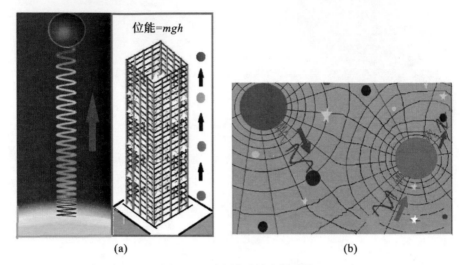

圖 7-2-5 引力造成的光譜移動

（a）重力紅移；（b）宇宙中時空彎曲使得光波紅移或藍移

$$z = (\phi 2 - \phi_1) / (c^2 + \phi 1)$$

　　重力紅移（上述的第二部分貢獻）與宇宙學紅移都是因為光子傳播過程中時空的性質改變而引起的，產生機制的本質相同。只是時空改變的原因有所不同，前者是因為物質分布使時空彎曲，後者是源於時空膨脹。

3. 膨脹的宇宙 ──

　　哈伯及其他天文學家在確定了不少河外星系之後，便開始測量來自
這些星系的光譜譜線的紅移。被發現的星系（島宇宙）越來越多、距離
越來越遠、測量越來越困難。這顯然不是一項容易的工作，而是一個令
人咋舌的奇蹟。想想看，僅僅從一塊很小的、與人眼差不多大的玻璃
中，哈伯卻能將整個宇宙盡收眼底。在處理得到的龐大觀測數據時，哈
伯又像一個勇敢的航海家，遨遊在波濤洶湧的星系大海中。

　　哈伯在使用虎克望遠鏡之初，就為自己定下了一個宏偉目標，要使
得人類認識的星系數目，與那時候人類觀察到的銀河系中的恆星一樣
多。哈伯在 1934 年左右就實現了這個目標，他對 4.4 萬多個星系的視
分布進行了研究。將宇宙之大展示於人類面前。宇宙，的確堪稱星系的
海洋！

　　分析整理觀測數據的結果之後，哈伯敏銳地注意到這些星系的紅移
與距離之間有某種簡單而令人驚奇的關聯：星系的距離越遠，紅移的量
也越大。並且在絕大多數情況下，紅移的數值為正數，也就是說，是真
正的紅移，所有的光都變得更「紅」了。

　　一開始有人將這種紅移解釋為都卜勒效應，但後來便意識到應該用
另一個完全不同的機制，即用上一節中我們介紹過的「宇宙學紅移」來
解釋。並且，因為觀測到的是真正紅移而非藍移，所以，自然地便得到
了宇宙膨脹的結論。

首先，讓我們看看哈伯從實驗數據中總結的規律 —— 哈伯定律。

1929 年，哈伯在他堪稱經典的論文〈河外星雲距離與視向速度的關係〉中指出：

距離我們越遠的星雲，遠離我們而去的速度就越大，而且速度與距離兩者之間恰好存在正比關係。這就是哈伯定律。哈伯最開始得到的是星系的紅移與距離的正比關係，如圖 7-3-1 所示，將每個星系用它的紅移 z 和距離 D 的數值標示為圖中的一個點，所有的點近似位於一條直線上，直線的斜率 H_0 被稱為「哈伯常數」。1930 年，愛丁頓把星系離我們而去的現象解釋為宇宙的膨脹，哈伯定律則為宇宙膨脹提供了首要的觀測證據。

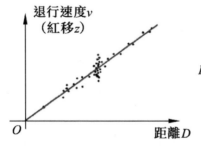

哈伯定律：$v = H_0 D$

H_0（哈伯定律）$= (67.80 \pm 0.77) \mathrm{km \cdot s^{-1} \cdot Mpc^{-1}}$

圖 7-3-1 哈伯定律

哈伯常數意思不是指不隨時間改變，只是說對所有的星系，所有的空間位置而言都是一樣的，所以我們將稱其為哈伯常數。實際上，哈伯常數 H_0 是時間的函數，不過產生變化的時間範圍很大，只在宇宙學的時間尺度上才有意義。通常，用 H_0 來表示現在的哈伯常數。但當初哈伯猜想的 H_0 不夠準確，是 2013 年普朗克衛星測量的 H_0 值（$(67.80 \pm 0.77) \mathrm{km \cdot s^{-1} \cdot Mpc^{-1}}$）的 7.3 倍左右。

雖然星系的紅移主要是由於「宇宙學紅移」引起的，但是仍然可以

藉助於都卜勒效應的紅移公式（非相對論的或相對論的）將 z 對應於星系的速度 v。所以，哈伯定律一般被表述成星系的速度 v 與距離 D 成正比的形式。一般面向大眾的科普讀物中，也只用都卜勒效應來解釋紅移。不過筆者認為必須強調，哈伯定律中所謂的速度 v，並不是星系之間真正的相對運動速度，而是因為空間尺度的膨脹使得星系之間看起來互相遠離的一種表觀速度。因此，我們稱它為「退行速度」，強調它表示的只是視覺上的退行，並非相對運動。

哈伯定律證明了宇宙在膨脹，這對當時人們的觀念造成極大的衝擊。過去人們對牛頓那種永恆不變而穩定的宇宙觀深信不疑，即使是愛因斯坦也是如此。廣義相對論建立後不久，曾有蘇聯數學家傅利曼和比利時天文學家勒梅特（Georges Lemaître），先後以愛因斯坦方程式為基礎，從理論上論證了宇宙隨時間而膨脹的可能性。但是愛因斯坦不同意，還特意在他的方程式中引進了宇宙常數一項，試圖維持一個整體上穩定、靜止的宇宙圖景。

因此，哈伯的結果也讓愛因斯坦震驚。他趁著開會這一契機，會後馬不停蹄地趕到威爾遜山上。確認了哈伯的觀測結果之後，又迫不及待地要「撤回」他的宇宙常數一說，認為這是他生平犯的最大錯誤。

近代宇宙論的重要基石，是宇宙學原理。這個原理可以算是哥白尼日心說思想的推廣。意思是說，地球在宇宙空間中並不處於任何優越的地位。因此，在空間任何一點觀察的大尺度宇宙都是一樣的，並且朝空間不同的任何方向看過去也應該是相同的。簡而言之，宇宙空間在大尺度上同質且各向同性。

如果將宇宙在空間上的這種同質性延伸到時間，即承認大尺度上宇宙是永恆不變的，實際上也就是牛頓的穩態宇宙觀。但哈伯及其他天文

學家的觀測事實否定了這種觀點。不過，人們仍然保留了宇宙在空間上同質和各向同性的假設，並由此作為基本前提來討論宇宙學。

　　近代物理宇宙學的理論基礎，則是愛因斯坦的廣義相對論。

　　如何根據宇宙學原理和相對論或哈伯定律，為膨脹的宇宙建立模型？我們首先從空間只有一維的情況開始考慮。然後可以很容易地推廣到空間是三維的情形。

　　圖 7-3-2（a），水平軸 x 代表一維空間，垂直向上的方向代表時間 t。座標軸 x 上的圓點代表星系。為了表示一個同質而各向同性的宇宙，將星系等距離地平均排列分布在 x 軸上。假設觀察時間為 $t_1 < t_2 < t_3 < t_4 < t_5$，在每一個時間點，星系在 x 軸上的位置都用整數（$x = \cdots$，-2，-1，0，1，2，$\cdots$）來標記。這裡我們暫且假設這個一維宇宙是無限且平坦的，其中有無窮多個星系。顯然，圖 7-3-2（a）中星系對應的 x 值並不是空間中的距離，它只是星系的排列順序。空間距離尺度被包含在標度因子 a（t）中。這樣來表示膨脹的宇宙比較方便。比如說，$x = 3$ 的圓點表示的是從原點 o 開始算的第 3 個星系，它和位於原點那個星系的距離，無論在哪個時間點，都等於 a（t）的 3 倍。標度因子 a（t）隨著時間的增大而增大，x 的值卻不變，因此，a（t）函數代表宇宙膨脹的效應。通常將現今的標度因子 a（t_0）定義為 1。

　　標度因子 a（t）變化的規律如何？理論上與廣義相對論有關，實驗中則與哈伯定律有關。假設銀河系位於圖中 $x = 0$ 的點，考慮任何其他的星系相對於銀河系的位置和退行速度，比如 $x = 3$ 的第三個星系，與地球的距離是標度因子的 3 倍，進行簡單的微分運算求出退行速度後，再代入哈伯定律中，則能推出哈伯常數 H_0 與標度因子 a（t）的關係：

$$H_0 = （\mathrm{d}a/\mathrm{d}t）/a（t）$$

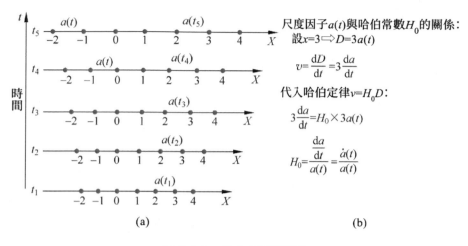

圖 7-3-2 一維宇宙膨脹模型

因此，哈伯常數等於標度因子的導數與標度因子之比值，這是宇宙膨脹的動力學公式。

現在，可將一維的宇宙膨脹模型推廣到二維或三維空間。雖然三維空間中有 3 個獨立的方向，但為了保證宇宙學原理中各向同性的要求，只能有一個標度因子 a（t），用與上面一維情形類似的方法，可推導出同樣的 H_0 與 a（t）的關係式。

圖 7-3-3 顯示二維宇宙膨脹的過程，三維的情況完全類似，只需要加上 z 座標。圖中的 a（t）為標度因子，對 x 方向和 y 方向都完全一樣，這是宇宙學原理的要求。因此，宇宙膨脹的標度因子與選擇的座標系無關，我們也可以使用極座標來同樣地討論膨脹模型。圖 7-3-3（b）便是用極座標表示膨脹的二維宇宙在某一個時刻 t 的截圖。圖中的 A 點代表我們的銀河系，假設將 A 當作靜止的參考系，其他星系位置上標示的小箭頭則顯示了它相對於 A 運動速度的方向和大小。從圖中可見，所有的

星系都是離 A 而去。並且，離 A 越遠，小箭頭越長，表示退行速度隨距離增大而增大，符合哈伯定律。

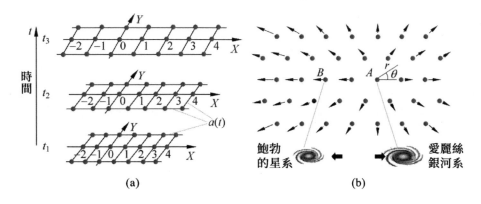

圖 7-3-3 二維宇宙膨脹模型
（a）直角座標；（b）極座標

圖 7-3-3 初看起來，銀河系的位置似乎有點特殊，所有別的星系相對 A 朝四面散開，銀河系不是就好像代表了宇宙的中心嗎？但仔細一想就明白了，如果你把參考系移到鮑勃所在的星系 B，也就是說，將圖中的 B 點當作是靜止的，重新畫出相對於 B 的小箭頭的話，你又會感覺 B 好像是宇宙中心了。因此，在宇宙的膨脹圖景中，每個星系都可以被當作靜止的參考系，但並非宇宙的中心，宇宙沒有中心，處處相同、各向同性。

4. 超光速的困惑 ——

　　宇宙學中常聽到有「超光速」之說，比如宇宙膨脹中的所謂「退行速度」，就肯定要面臨超光速的問題。哈伯定律中的退行速度與距離成正比，如果宇宙是無限的，當距離大到一定的時候，速度必定要超過光速。事實上，並不需要假設宇宙無限，在現今可觀測的距離範圍，退行速度已經超過光速。

　　如第四章中介紹的，光速不變和無法超過光速是狹義相對論的假設條件。其中涉及的距離及時間概念都需要在平坦的閔考斯基時空中來理解。閔氏時空中任何靜止質量不為零的定域物體，運動速度不能超過光速。因為如果要將它們加速到光速，其質量會增長到無窮大因而需要無窮大的能量，這是不可能實現的。

　　到了廣義相對論，時空因為物質而彎曲。遙遠的星系間不能用同一個閔氏時空來描述。狹義相對論的應用以及光速不變定律等，只具有部分意義，更不應隨意將它推廣到宇宙的尺度。

　　只要不是傳遞能量（包括物質）或訊息，物理中有許多超過光速的情況，比如波動中的相速度，還有費曼圖中虛光子的速度，都可以比光速快。利用量子糾纏現象進行的量子隱形傳輸，除了利用量子通道之外，還一定要平行地有一個經典通道，才能真正傳輸量子態的訊息。這裡所謂經典通道，就是利用電話、網路等經典方式（傳輸速度小於光速），所以也並未違背狹義相對論。不過，量子糾纏的具體機制到底如何？量子理論到底應該如何詮釋？這些問題都還屬於尚不完全清楚的狀

態，爭議頗多，在此不表。

所以，以某種方式定義的「速度」超過光速是完全可能的，重要的是需要考察一下是否能量和訊息的傳遞速度超過了光速？

大家都知道速度等於距離除以時間，要了解宇宙膨脹中的超光速，必須首先理清宇宙學中距離和時間的概念。

「距離」這個概念在日常生活中不言自明，而在宇宙學中的距離，從測量方法到定義都和我們平時理解的距離大相逕庭。就測量而言，天體間的距離是無法直接用「標準尺」去度量的，只能用三角視差法或尋找標準燭光等各種方法來間接測量和估算。到了星系之間的距離就更困難了，少則幾十萬光年，多則上億光年。沒有任何一種測量的方法可以用來測量所有尺度的距離。天文學家和宇宙學家們使用的是階梯式測量步驟，從近到遠以此類推來得出更遠的距離。

總之，實驗物理學家們發明了很多方法來測量距離，有了哈伯定律之後，天文學家們又掌握了一種測量距離的新方法：首先測量紅移，然後根據紅移和哈伯定律來算出星體的距離。理論學家們也不甘落後，美籍俄裔物理學家喬治·伽莫夫（George Gamow）提出大霹靂理論後，與此相關的各種理論模型建立起來，宇宙學逐漸趨向成熟。基於各種測量方法和理論模型，要滿足各種不同的需要，宇宙學中對「距離」便有了五花八門的定義 [28]。

舉紅移測量距離的方法為例。當紅移量不太大的時候，天文學家們皆大歡喜，因為各種測量結果，使用哪種定義都相差不大。但是，當我們看得越來越遠，測到的紅移量越來越大的時候，許多問題就來了，比如說：哈伯定律中的 D 是什麼樣的距離？有人說是在「同時」的條件下，兩個星體間測量到的距離。但事實上，這個「同時」在測量中根本無法

做到。也許當哈伯測量相距我們 200 萬光年的仙女星雲時，還可以認為 200 萬年比較起宇宙學的時間尺度來說不算長，但將這種近似延伸、套用到幾億光年總是無法令人信服的。何況這個宇宙還在不停地膨脹。上億光年的時間，膨脹的效應很可觀，又該如何考慮這點呢？

宇宙學中經常使用的有光行距離、固有距離、共動距離（又稱同移距離）。其中光行距離是最容易被大眾理解的，所以常被科普文章使用。也就是用光行的時間來度量這段距離。本書中也已經使用多次，比如我們曾經說，牛郎星和織女星相距 16 光年，這便是說它們的光行距離等於 16 光年。可以認為如此算出的牛郎星、織女星之間的距離是它們的真實距離。但是，當我們說「兩個黑洞離我們 13 億光年之遙」的時候，就必須認真思考。因為在光行 13 億年的這段時間中，宇宙在不停地膨脹，要計算「真實距離」，還需要考慮宇宙在這麼長的時間中膨脹的規律如何？此外，對遠離的兩個星系而言，也必須明確地定義什麼叫做真實距離？

在哈伯定律中使用的距離 D，並不是通常人們喜歡用的光行距離，而是固有距離。如果使用光行距離，哈伯定律在紅移高的範圍內不成立。固有距離是宇宙學家眼中比較接近「真實距離」的概念，它的定義與廣義相對論有關。共動距離與固有距離緊密關聯，是不考慮宇宙膨脹效應的固有距離，因而不是真實的距離。意為觀測者在與宇宙「共動」的座標系中看到的兩點之間的距離。因為共動座標系和宇宙一起膨脹，不隨時間變化，所以適合用於膨脹的宇宙。

為了更好理解固有距離，再次考察一下相對論中的距離和時間的概念。根據第四章中簡單介紹的廣義相對論，距離和時間的度量由時空的度規決定（圖 4-3-2）。如何將上一節中討論的宇宙膨脹模型與時空度規連繫起來？以前面介紹的最簡單一維模型為例，時空中的微分弧長表示式：

$$\mathrm{d}\tau^2 = \mathrm{d}t^2 - \left(a\left(t\right)\right)^2 x^2 \qquad (7\text{-}4\text{-}1)$$

　　愛因斯坦建立了廣義相對論之後，便雄心勃勃地要把它應用來研究這個世界上最大的系統——宇宙。那時候有一個蘇聯物理學家，叫做亞歷山大·傅利曼（Alexander Friedmann），是大霹靂學說提出者伽莫夫的老師。傅利曼的想法與愛因斯坦不謀而合，也想應用廣義相對論於宇宙。他在 1924 年一篇論文中，推導出了重力場方程式的一個動力學解，適合應用於同質而各向同性的宇宙。於是，他寫信告訴愛因斯坦，根據他的結果，宇宙要麼收縮、要麼膨脹，不會總是維持穩恆不變的狀態。但愛因斯坦並不喜歡這個結論，他更相信一個穩恆靜態的宇宙影像，他仍然堅持使用他不久前在場方程式中加進的宇宙常數一項，其目的便是為了得到一個穩態宇宙解。不過，天文的觀察事實卻與愛因斯坦的期望相反，過了幾年之後便傳來哈伯的斷言：宇宙正在膨脹！愛因斯坦感到此事非同小可，接著便親臨南加州的天文臺現場。與哈伯等人交談後，愛因斯坦後悔莫及，趕快宣布要撤回宇宙常數新增項。可惜傅利曼這時候已經去世，沒能聽到這個因他的理論而得以證實的好訊息。1925 年，他 37 歲時在一次熱氣球旅行中因感冒導致肺炎而離世。

　　傅利曼解出的四維時空度規在宇宙學中被廣泛使用，加上其他幾個有貢獻的人名之後，通常被稱為 FLRW 度規。因為在宇宙學中一般都使用 FLRW 度規，所以後面的章節中，有時候我們就簡單地稱其為度規。

$$\mathrm{d}\tau^2 = \mathrm{d}t^2 - a^2(t)\left(\frac{\mathrm{d}r^2}{1-kr^2} + r^2\mathrm{d}\Omega^2\right) \qquad (7\text{-}4\text{-}2)$$

　　式（7-4-2）的度規和根據一維模型寫出的式（7-4-1）基本一致，但稍有不同，式（7-4-2）是式（7-4-1）在彎曲的三維空間使用極座標時的推廣。

FLRW 度規很簡單，只有兩個參數，隨時間變化的標度因子 $a(t)$ 和表示空間曲率特性的宇宙曲率參數 k。標度因子 $a(t)$ 描述了宇宙隨時間而膨脹（或收縮）的圖景。k 的值則決定了宇宙空間的整體幾何性質。之前我們討論膨脹的宇宙模型時，簡單地假設宇宙空間是平坦的，即 $k = 0$ 的情況。因而在式（7-4-1）中並未包括 k。下一節中我們將對 k 不等於 0 的宇宙空間幾何性質做更多介紹。

從 FLRW 度規出發，只考慮與 dr 有關的一項，共動距離和固有距離表示為

$$共動距離 = \int \frac{dr}{\sqrt{1-kr^2}}, \quad 固有距離 = a(t) \int \frac{dr}{\sqrt{1-kr^2}}$$

其中共動距離不隨著宇宙膨脹而變化，是因為測量度規與膨脹的宇宙「共動」。想像測量距離的尺隨著宇宙膨脹而變長了，所以測到的仍然是原來的數值。固有距離則是隨宇宙膨脹而變化的距離，相當於用一把長度固定的尺在測量膨脹的宇宙中的距離。哈伯定律中所說的距離 D 即為上式中的固有距離。

之前我們討論的宇宙模型中，空間座標 (x,y,z) 等都只取整數值，這些整數值不隨時間變化，是共動座標系的例子。如果只用共動座標 (x,y,z) 的差別來表示空間距離，那就是共動距離（如 $D = x$）。如果包括了標度因子，比如 $D = (a(t))x$，就是固有距離。

固有距離無法測量，可觀測量是從該星球發出的電磁波的紅移。紅移量中的大部分是由於宇宙膨脹而產生的，距離越遠紅移就越大。如果認為宇宙是平坦的，空間範圍則可以延伸到無窮，那麼退行速度必定會在某一個距離開始便超過光速。紅移 z 等於多少便對應於達到光速？這

根據不同的宇宙模型有不同的答案。使用 FLRW 度規及空宇宙模型，當 $z>1.67$，退行速度大於光速。事實上，就目前所測到星系紅移的最大值是 $z = 8.7$，所以退行速度已經大大地超過光速了。

也許有讀者會說，如果某星系以超光速的退行速度遠離我們而去，與地球相距甚遠，我們又收到它們發出的紅移了的光線，這不就是訊息傳播速度超過光速的證據嗎？

你仔細想想就明白不是這麼回事。我們接收到的光線，是這個星球好多（億）年之前發出來的，那時候這個星球並不在現在這個位置，離地球的距離也不是這麼遠，原因是因為宇宙在不停地膨脹。當時到底是多遠，可以根據選定的模型進行計算。打個比方，當時的這束光，被這個星體發出之後，便高高興興地到宇宙空間中旅行去了，就像遊子離開了母親，失去連繫。後來，宇宙膨脹了，星體與地球間的距離增加了，但那束光線毫不知曉。光波自己也因為空間的膨脹而被拉長，頻率變低。最後，好多年之後，遊子來到了地球，但他並不知道母親星體後來的情況，他向地球人報告關於星體的消息，事實上已是多少年前的「過時」消息。

即使不經過複雜的計算，我們也大可不必擔心這束光線傳遞訊息的速度會超過光速。這訊息本身就是由這個「光信使」傳過來的，傳遞的速度頂多就是光的速度，如何去超過呢？

由以上分析可知，儘管宇宙的年齡只有 137 億年左右，但如果同時考慮宇宙經歷了 100 多億年的膨脹，我們可能「看到」的、現在離我們最遠的星系的距離，也許大大超過 137 億光年。天文學家們應用一定的宇宙膨脹數學模型，猜想出「可觀察宇宙」的範圍是 460 億至 470 億光年 [29]。能量速度和訊息速度是怎麼定義的？從廣義相對論的角度考慮，

應該是被傳播之物（訊息或能量）的固有速度，即與被傳播物一起運動的觀察者所測量的距離除以他攜帶的時鐘所經過的時間（固有時 τ）。

宇宙膨脹的速度，或者哈伯定律中的星系退行速度，都是一種觀察效應，與真正的所謂「能量和訊息的傳遞」無關。因此，若說它們超過光速是可能的，並不違背相對論。

5. 宇宙的形狀 ——

　　宇宙學原理強調空間的同質與各向同性，對時間沒有要求。數學上就是說，宇宙時空有一個整體的座標時間，由此可將時空分解成隨著時間而變化的一個一個「空間切片」。為了保證同質和各向同性，在任何時刻，描述「空間切片」部分內在彎曲的數學量（曲率）應該處處相同。也就是說，我們的三維空間是一個常曲率的黎曼流形。務必提醒大家注意：這裡所指的曲率，是從大尺度範圍來看整個宇宙的曲率，並不代表任何個別星系（比如銀河系）或星球（比如太陽）附近的空間彎曲情況。

　　式（7-4-2）表示的 FLRW 度規，就是滿足上述宇宙學原理數學要求的時空度規。該度規僅僅兩個參數：曲率參數 k 和標度因子 $a(t)$，前者描述了宇宙空間的幾何形狀，後者告訴我們宇宙空間如何演化。本節簡單地敘述幾何，下一節將介紹如何從愛因斯坦場方程式得到宇宙的演化規律。

　　空間曲率參數 k 的數值決定了空間的幾何性質。滿足宇宙學原理的空間幾何只有三種可能性，分別對應於常數 k 等於 0、＋1、－1 時的情形。

　　$K = 0$：平坦的三維歐式空間的宇宙模型。

　　$K = +1$：正的常曲率空間。幾何直觀影像類比於嵌在三維空間中的二維球面。但真實世界應該是一個嵌入到四維時空中的三維球面，和我們熟悉的二維球面一樣，是一個「有限無界封閉」的宇宙模型。

　　$K = -1$：負的常曲率空間。幾何直觀影像類比於嵌在三維空間中的二維馬鞍面（雙曲面），但必須將二維曲面推廣到三維的馬鞍面嵌入四維時空中，是一種無限延伸且開放的宇宙模型。

　　第四章中曾經介紹過不同的內蘊幾何，圖 7-5-1 中所示的平面、球面、雙曲面有不同的幾何性質，這裡三種不同的二維曲面都是常曲率曲面。平面的曲率處處為 0；半徑為 R 的球面上，每一點的曲率都等於 $1/R$；半徑為 R 的雙曲面上每一點的曲率則都等於－$1/R$。

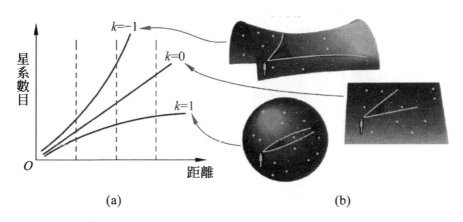

圖 7-5-1 不同曲面上的二維生物觀測到的幾何性質

　　那麼，我們人類生活的三維宇宙空間到底符合哪種幾何呢？這需要用觀測數據來回答。宇宙學中有一種方便的方法來確定空間的曲率參數 k，就是計算觀測到的星系數目與星系距離的關係。根據宇宙學原理，無論哪種幾何，星系在大尺度上是均勻分布在整個宇宙空間中。但是，對不同幾何性質的空間，所能夠觀測到的星系數目，與觀測距離的關係不一樣。圖 7-5-1（a）的三條曲線，顯示了三種不同的函數關係。

　　我們無法畫出彎曲三維空間的直觀影像，因為必須將它們嵌入到四維空間中。因此，我們首先用三維空間中的二維曲面（平面、球面、雙曲面）來解釋不同幾何形狀的空間中觀測到的星系數與距離的關係。例如，假設平面上二維生物觀測者的觀測距離從 $r{\sim}r+\Delta r$，又假設觀測者的每一次觀測都保持相同的觀測深度 Δr。那麼，他在 r 處能夠看到的所

有星系數目應該正比於半徑為 r 的周長 $L = 2\pi r$，也就是正比於半徑 r。因此，觀測者在二維平坦空間中看到的星系數目與觀測的距離成正比，距離越遠，觀測圈便越大，包括的星系也越多，如圖 7-5-1 中 $k = 0$ 的情況。

圖 7-5-2（a）顯示了二維平面觀察者在距離分別為 r_1、r_2、r_3 時，觀察圈的圓周長分別為 L_1、L_2、L_3。如果空間是 $k = 1$ 的正曲率空間，如圖 7-5-2（b）所示，對應於同樣的 r_1、r_2、r_3，因為觀察圈的圓周長中包含了正弦函數，成長率小於平面上相對應的圓周長。對 $k = -1$ 的負曲率雙曲面空間，雙曲函數大於 1，成長率則大於平面上相對應的圓周長，星系數目增加很快，距離趨於無窮時，星系的觀測視角趨於無窮小，星星數趨於無窮大，見圖 7-5-2（c）。

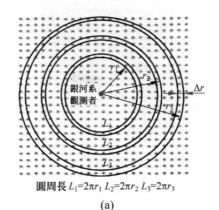

圓周長 $L_1 = 2\pi r_1$ $L_2 = 2\pi r_2$ $L_3 = 2\pi r_3$

(a)

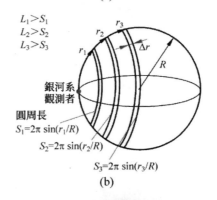

$L_1 > S_1$
$L_2 > S_2$
$L_3 > S_3$

圓周長
$S_1 = 2\pi \sin(r_1/R)$
$S_2 = 2\pi \sin(r_2/R)$
$S_3 = 2\pi \sin(r_3/R)$

(b)

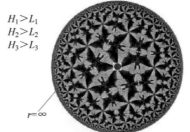

$H_1 > L_1$
$H_2 > L_2$
$H_3 > L_3$

$r = \infty$

$H_1 = 2\pi \sin h(r_1/R)$
$H_2 = 2\pi \sin h(r_2/R)$
$H_3 = 2\pi \sin h(r_3/R)$

(c)

圖 7-5-2 周長與距離之關係
（a）平面；（b）球面；（c）雙曲面

　　將二維曲面中星系數與距離的關係推廣到三維空間，得到類似的結論：如果 $k = 1$，星系數隨著距離的成長速度慢於 $k = 0$ 的情形；對 $k = -1$ 的雙曲空間，星系數隨距離指數增加，成長率遠大於平坦歐氏空間的成長率。

　　現代的天文探測技術使我們能看到很遠的距離，因而有可能測量真實的三維宇宙空間的曲率。很多宇宙學方面的觀測都可以給出曲率的可能值範圍，主要方法是依靠測量光度、距離和星系數量。目前最好的測量是利用我們在下一章將介紹的宇宙微波背景輻射圖。

　　根據現有的觀測數據，我們的三維空間基本上是平坦的，也就是曲率參數 $k = 0$。不過，即使宇宙的空間部分是平坦的，加上時間維度之後的四維「時空」就不一定平坦了。因為根據廣義相對論，物質（包括能量）將引起時空彎曲。空間平坦，時空可以不平坦。

　　圖 7-5-3（a）是一個空間平坦、時空彎曲的例子，考慮空間只有一維的最簡單情況。一維空間加上時間是一個二維「時空」。圖中例子中的一維空間被表示為一個圓圈，即只是圓周，不包括圓內部的點。圓圈的幾何性質與直線無異，因此，一維的圓圈空間是平直、有限、無界、封閉的。

　　在圖 7-5-3（a）中，垂直向上的時間軸表示時間增大：$t_1 < t_2 < t_3 < t_4$，代表一維空間的圓周大小隨時間變化。小圓點代表的星系均勻分布在每個時時對應的圓周上，星系間的距離由標度因子 $a(t)$ 決定，因而也隨時間變化。圖中可以看出，在每一時刻 t，代表空間的圓周都是平坦的，但是整個時空，即圖 7-5-3（a）中的旋轉曲面，並不平坦。

　　剛才介紹的是空間或時空的幾何性質，尚未提及拓撲。幾何和拓撲是兩個不同的數學概念。簡單地說，幾何決定曲面的區域性性質，與度

量有關,比如三角形內角和的性質便涉及度量。而拓撲決定曲面的整體形狀,與度量無關。例如,在圖 7-5-3(b)中畫出的 3 種不同曲面的拓撲:球面、甜甜圈表面、兩個洞的甜甜圈表面。3 種拓撲不一樣的意思是說,如果保持洞的數目不變,不可能從 3 種形狀的其一連續變到另外一種。此外,我們在甜甜圈的旁邊畫了一個普通的茶杯,茶杯看起來和甜甜圈的形狀完全不一樣,但卻有類似之處:有一個洞。這個洞在杯子把柄處。因此,如果杯子是橡皮泥做成的,我們便可以保持這個洞將橡皮泥捏來捏去做成一個甜甜圈的形狀。這就是為什麼我們在圖中的甜甜圈和杯子之間畫了一個等號,意味著它們的拓撲是一樣的。

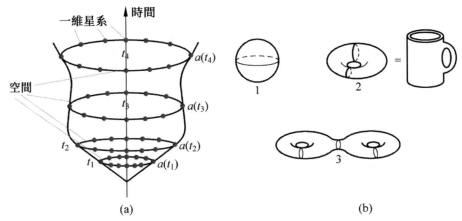

圖 7-5-3 一維圓圈空間的時間演化(a)以及二維曲面的不同拓撲(b)

再用宇宙空間模型為例。宇宙空間是有限還是無限?答案與曲率參數 k 的值有關,k 為正數時對應於有限無界的封閉空間;k 為負數時對應於無限無界的開放空間;$k = 0$ 則是平坦空間。平坦空間可以無限,也可以有限,由不同的拓撲決定。從嵌入三維空間的二維曲面的幾何形狀可知,曲率為 0 的二維平面是無限大的。然而,我們可以將一張平直的紙捲成圓柱面,柱面仍然是一個歐氏空間,二維中的一維成為大小有限

的圓，另外一維仍然是無限大。有人想，如果把另外一維也捲成一個圓圈，做成甜甜圈的形狀，不就變成了有限的了嗎？的確是如此，二維甜甜圈表面的整體尺寸是有限的，不過當把它嵌入到三維空間中後，看起來卻不是一個平直的歐氏空間了。

真實的宇宙空間是三維的，平直的三維宇宙可以類似地「捲」成一個三維的甜甜圈表面而嵌入到四維空間中且仍然保持平直。所以，平直宇宙可以具有兩種拓撲形狀：一種是開放無限的，另一種是封閉有限的，即四維空間中的三維甜甜圈表面。

第八章

大霹靂模型

1. 為宇宙膨脹建造模型 ───

　　第七章中介紹了哈伯定律和宇宙空間的幾何形狀。空間幾何是由度規中的曲率參數 k 決定的，度規中的另一個參數：標度因子 a（t）則可決定宇宙空間的大小如何隨時間變化。推導並求解標度因子 a（t）滿足的方程式，也就是為宇宙膨脹建造動力學的模型。這方面的不少工作，是由蘇聯的幾個物理學家完成的。

　　即使是在封閉而嚴峻的政治環境下，蘇聯也還是有不少在世界範圍內頂尖的科學家，那段時期，蘇聯先後出了 14 位諾貝爾獎得主，卡皮察（Pyotr Kapitsa）、金茲堡（Vitaly Ginzburg）、朗道（Lev Landau）等都是物理學家中傑出的例子。大霹靂宇宙學說的兩位主要奠基者：伽莫夫和他的老師傅利曼也都是蘇聯人。伽莫夫雖然未得諾貝爾獎，但物理學界公認他做出了好幾個諾獎等級的貢獻：量子穿隧效應、大霹靂宇宙模型，以及最早對生物學 DNA 螺旋結構的研究。伽莫夫是個傳奇性的人物，新點子多如泉湧，但他卻淡然處世，是那種並不為自己的某項發現而格外感到驕傲的人。當然他也不擅長爭名奪利，是一位真正的科學家！

　　1920 年代，伽莫夫和朗道等是列寧格勒大學（現改名為聖彼得堡大學）的同學兼好友，被戲稱為物理系的「三劍客」，傅利曼則已經成為一名氣象學家兼數學系的教授。迷上了「兩個相對論」的伽莫夫選修了傅利曼「相對論的數學基礎」課程，準備跟傅利曼進一步研究宇宙學問題。

　　傅利曼從純數學的角度研究愛因斯坦的廣義相對論，認為愛因斯坦在場方程式中加進來的宇宙常數一項是沒有必要的，他還發現愛因斯坦

在證明穩態宇宙解的過程中犯了一個錯誤。最後，傅利曼從場方程式解出的宇宙模型是隨著時間而變化的，這正好和當時哈伯公布的觀測結果相吻合，這兩件事實使得愛因斯坦懊惱不已，以至於在一次談話中對伽莫夫表示自己加入「宇宙常數」是他平生所犯的最大錯誤。

傅利曼從理論上設想的膨脹宇宙後來成為大霹靂模型的理論基礎。可惜傅利曼 37 歲那年在一次熱氣球飛行中得重感冒轉肺炎而去世，使他沒能對此作進一步的深入研究，也讓當時雄心勃勃的伽莫夫中斷了他的「宇宙學之夢」，不得不暫時轉到其他研究方向。但傅利曼在短暫的生命中為宇宙建造的數學模型，卻一直沿用至今。

傅利曼模型是愛因斯坦場方程式在宇宙學原理特定假設下的簡化模型，它最後簡化為隨時間變化的標度因子 $a(t)$ 所滿足的如下傅利曼方程式：

$$\left(\frac{\dot{a}(t)}{a(t)}\right)^2 = \frac{8\pi G}{3}\sum_i \rho_i = H^2 \qquad (8\text{-}1\text{-}1)$$

之前我們介紹一維宇宙膨脹模型時（圖 7-3-2）曾經推出一個結論：宇宙膨脹的相對速度，等於哈伯常數。所以，式（8 1 1）表示的方程式的左邊正好就是哈伯常數的平方。因此，這個公式也給出了哈伯常數如何隨時間變化的規律。

由式（8-1-1）可見，宇宙空間的膨脹率（等於哈伯常數 H）是由空間的各種物質密度之和 $\sum \rho_i$ 所決定的。這裡談到的「物質」概念與我們通常理解的不一樣，不僅包括了能量，還包括了宇宙空間中能對宇宙動力學有貢獻的其他成分，可以說是更廣義的物質概念。也可以將如此定義的密度稱為「宇宙學物質密度」。不過，在以下章節中我們仍然簡略地稱其為物質密度。

物質密度隨宇宙的空間尺度不同而變化，也就是隨時間變化。宇宙物質密度主要來源於 4 個方面：塵埃物質（包括暗物質）ρ_d、輻射能量 ρ_r、真空能量（暗能量）ρ_v、空間曲率 ρ_k。這 4 種密度隨著空間標度因子 $a(t)$ 的變化而變化，因而使得哈伯常數也隨之變化。

可以如此來理解傅利曼方程式的物理意義：空間膨脹 $a(t)$ 來自於物質分布 ρ，又反過來影響物質分布。這正是廣義相對論思想在宇宙學中的具體數學展現。

4 種物質密度的變化規律分別簡述如下：

（1）塵埃物質密度 ρ_d。指的是運動速度遠小於光速的非相對論物質，包括通常所見的明物質（原子類）和暗物質。當 $a(t)$ 變化時，宇宙空間的體積增加正比於 a^3，物質是守恆的，因而其密度便反比於 a^3 變化。即 $\rho_d = \rho_{d,0}/(a(t))^3$。因為現今的標度因子 $a(t_0)$ 被定義為 1，所以 $\rho_{d,0}$ 指的是現今的塵埃物質密度。

（2）與輻射有關的能量密度 ρ_r。指的是那些靜止質量為零，或接近零的相對論粒子，如光子、微中子等對密度的貢獻。當 $a(t)$ 變化時，與輻射有關的能量密度反比於 a^4 而變化。即 $\rho_r = \rho_{r,0}/(a(t))^4$。這裡 $\rho_{r,0}$ 是現今的輻射密度。

（3）真空能量密度 ρ_v。指與暗能量，或宇宙常數 Λ 有關的貢獻。當 $a(t)$ 變化時，宇宙的真空能量密度不變，保持為一個常數。即 $\rho_v = \rho_{v,0}$。

（4）與曲率因子 k 有關的密度 ρ_k。當 $a(t)$ 變化時，宇宙空間的曲率因子 k 不變，即空間整體彎曲的幾何性質不變。但除了 $k = 0$ 的平坦宇宙之外，宇宙的曲率半徑會改變，半徑的增加正比於標度因子，相對應的密度則反比於 a^2。即 $\rho_k = \rho_{k,0}/(a(t))^2$。這裡 $\rho_{k,0}$ 是現在的曲率密度。

上面列舉的 4 種「物質密度」，只有第一類是我們熟知的通常意義下的物質密度。其中還包括了我們不熟悉的暗物質。正如前面提到過的，能量也被包括在物質中，比如第二類輻射能和第三類真空能量。值得一提的是第四類：與曲率因子 k 有關的密度。實際上，與空間幾何有關的這一項很難被稱之為「物質」密度，只不過是為了數學上的完整而賦予其某種物質密度的意義而已。也有文獻將第二類稱為「空間曲率密度」。

宇宙學家們更為感興趣的是這 4 種密度的相對比值：Ω_d、Ω_r、Ω_v、Ω_k。在一定條件下，4 個 Ω 之和等於 1，4 個比值則分別代表了每一類「物質」形式對宇宙大小變化的貢獻。

一般來說，影響宇宙膨脹速度的 4 種因素同時存在，使得傅利曼方程式難以求解。但我們可以分別考慮某一種因素為主導（其他 3 項為 0）時的簡化情況而求解方程式並得到以下結論：

1. 如果塵埃物質（明＋暗）起主導作用，$a(t) \sim t^{(2/3)}$；
2. 如果輻射起主導作用，$a(t) \sim t^{(1/2)}$；
3. 如果真空能量密度（暗能量）起主導作用，這時的哈伯常數是時間的常數，$a(t) \sim e^{Ht}$；
4. 如果曲率 k 起主導作用，$a(t) \sim t$，如上所述，曲率這一項比較特別，需要針對 k 的 3 種不同情況分別討論，見後面章節。暫時不予考慮，也就是令 $k = 0$，除非特別說明。

不難定性地畫出前 3 種情況下宇宙之尺度變化的時間曲線：當塵埃物質起主導作用時，宇宙大小按照 $t^{(2/3)}$ 的規律成長；當輻射起主導作用時，宇宙大小按照 $t^{(1/2)}$ 的規律成長；真空能量密度（暗能量）起主導作用時，宇宙尺度隨時間指數成長。3 種情形都會得出「宇宙膨脹」的結論，只是膨脹的速度有所區別。

因為宇宙尺度變化率就是哈伯常數：$H = (da/dt)/a(t)$，所以，從上面得到的傅利曼方程式的解，可以推導出 3 種情形下哈伯常數對時間的變化規律。當暗能量為主時，H 為常數，不隨時間變化；如果塵埃物質為主，$H = (2/3)(1/t)$；如果輻射為主，$H = (1/2)(1/t)$。塵埃物質或輻射為主時，哈伯常數都與時間成反比，因為宇宙演化的時間尺度很大，可以將前面的係數（2/3）或（1/2）略去而得到：

$$t = 1/H \qquad\qquad (8\text{-}1\text{-}2)$$

既然上面所述的 3 種情形中宇宙都是在膨脹，尺寸隨時間增加而變大，那麼如果我們往時間的反方向追溯回去，宇宙的尺寸就應該是越來越小，在某一時刻小到極小值 0！這意味著宇宙有一個時間的起點，我們不妨將這個時間起點定為 $t = 0$。這也就是大霹靂思想的來源。而如果再將式（8-1-2）應用於現在的宇宙，便得到一個重要而有趣的結論：從時間起點 $t = 0$ 開始，宇宙的年齡應該是哈伯常數的倒數。哈伯常數是一個可以測量的數值。

哈伯本人使用測量星系紅移（對應速度）與星系光度（對應距離）之關係而得到了哈伯定律並給出了哈伯常數（斜率）的數值。從哈伯常數的倒數，便可以得到宇宙現在的年齡。不過，哈伯當初測量的哈伯常數很不準確，是現在測量數值的 7～8 倍，由此算出的宇宙年齡只有現在估算的宇宙年齡（137 億年）的 1/7。比天文學家們測量估算到的許多恆星的年齡還小得多！好像是宇宙還沒誕生恆星就誕生了，這不是很奇怪嗎？這也是大霹靂模型多年來不被學界認可的原因之一。

總之，傅利曼方程式的結論給出了一個時間可能有起點的假設。但是，在這個時間起點，宇宙空間的尺寸也會變成極小，這就不是一句話

能夠解釋清楚的了。還不用將空間擠壓到極小，只要小到一定的範圍就
足夠物理學家們頭疼。如此巨大的宇宙空間，包含了數不清的如同我們
銀河系一樣的星系，每個星系中都有數不清的恆星、行星、白矮星、中
子星……以及大量的物質和能量。將它們越來越密集地擠壓在一起的時
候，會發生一些怎樣的物理過程？這是宇宙的大霹靂模型需要回答的
問題。

2. 渾沌開竅宇宙誕生

我們曾經講過「莊周夢蝶」的故事。莊子還寫了另一篇與宇宙有關的寓言，叫做「渾沌開竅」，簡譯如下：

南海之帝倏，北海之帝忽，中央之帝名渾沌。倏、忽二人經常在渾沌之領地相遇同樂，他們可憐渾沌無目、無耳、無鼻、無口、無心、無智、無識，只有混沌一團，無法享受世俗之美好。倏和忽商量為渾沌鑿開七竅以報答他。於是他們就一天鑿一竅，鑿到第七天，七竅全鑿通時，渾沌就死了。

莊子善於將古代神話故事改造為寓言以闡述其哲學思想。此篇寓言中的渾沌，取之於中國古書《山海經》中的創世神話：「天地混沌如雞子，盤古生其中。」幾乎每個古老的文明都有他們的創世神話。以上兩句所說的是中國古代「盤古開天地」的神話，基督教聖經的創世紀一章中也有上帝造物七天而完成的說法。

莊子將創世之初宇宙的渾沌狀態擬人化，講述了倏、忽、渾沌三個人的故事，莊子在文中並沒有交代清楚渾沌為什麼七竅一通就死了？但正是這種言猶未盡的風格才給予後人無限聯想的空間，認為他是在宣揚他崇尚自然、有道無為的道家思想：

凡事不可強求，只能順其自然。

在古漢字中，「倏」字和「忽」字都是「極快」的意思，與時間有關。倏為南帝，忽為北帝，混沌為中間之帝，這裡的南、北、中顯然是代表空間。這個故事描寫得太妙了，時空交接處為「混沌」，七日之後，

混沌開竅而死去，宇宙是否就從混沌中誕生了？這不就有點像是現代宇宙學中大霹靂模型的寫照嗎？

不過，神話畢竟是神話，七天便創造了世界的一切，想像得太簡單了！科學不一樣，宇宙如何從混沌一團走向塵埃落定？如何組織、合成了現有的各種物質成分？以至於最後如何演化、凝聚，形成星球和星系？直到誕生生命、產生意識，進化到人類，其中每一步都要有合理的理論模型來支持和解釋。所幸物理學從伽利略（Galileo Galilei）、牛頓之後發展了幾百年，加上其他科學技術近幾十年來的長足進展，人類的知識寶庫已經異常豐富了。從微觀、宏觀，到宇觀；從電子、微中子、夸克等基本粒子，到電力、網路系統，再到核能的研發和利用、天文觀測技術的進步，以及生物學等學科的研究成果，幾乎各個層次的理論和實驗都能夠在宇宙演化的漫長旅程中找到相關的應用。

為宇宙建造數學模型的傅利曼是個數學家，其理論涉及的僅是宇宙的幾何性質以及空間隨時間變化的膨脹動力學。伽莫夫在此基礎上提出的宇宙大霹靂理論，則包含了更多的物理內容，描述了宇宙演化和膨脹中的物理過程。

連古人都能想像宇宙誕生的景象。科學家們從宇宙膨脹的事實，自然地推論追溯到宇宙的過去。比利時的一位神父勒梅特，同時也是天文學家，他了解到哈伯的工作之後提出一個假設：現在的宇宙是由一個「原始原子」爆炸而成的。這可算是大霹靂說的前身，實際上，勒梅特當初也和傅利曼一樣，獨自找出了愛因斯坦方程式的解。第七章中介紹的FLRW 度規，以 4 位天文學家的名字命名，第 1 個字母「F」指的是傅利曼，第 2 個字母「L」指的就是勒梅特。

伽莫夫接受並發展了勒梅特的思想，於 1948 年正式提出了宇宙起源

的大霹靂學說。他認為宇宙的早期既沒有星系，也沒有恆星，顯然也不可能是勒梅特所說的一個「原始原子」，而應該是一個溫度極高、密度極大的由質子、中子和電子等最基本粒子組成的「原始火球」。這個火球宇宙迅速膨脹，密度和溫度不斷降低，然後才形成化學元素以及各種天體，最後演化成為我們現在的宇宙。

伽莫夫原本是蘇聯物理學家，1933 年藉一次參加國際學術會議的機會，離開了史達林專制時代的蘇聯，在瑪里·居禮（Marie Curie）的幫助下從事物理研究，最後定居美國。在西方自由寬鬆的學術環境下，伽莫夫如魚得水，取得了一系列重要的研究成果，達到了事業的頂峰。

根據大霹靂宇宙學模型，宇宙從高溫、高密度的原始物質狀態開始演化和膨脹。第二次世界大戰之前，核物理已經成為研究的熱門，戰爭中一大批美國物理學家對原子彈的成功研發又將這個領域大大向前推進了一步。伽莫夫也不例外，將量子物理成功地用於原子核的研究，與眾不同的是他將這個領域的成果應用到他年輕時候就著迷的宇宙學中。

1940 年代，傅利曼早已去世，伽莫夫卻難以忘懷當初聽這位老師講授廣義相對論時給予他的巨大心靈震撼。於是，伽莫夫指派他的學生阿爾菲（Ralph Alpher）研究大霹靂中太初核合成的理論。伽莫夫是個極為詼諧有趣的科學家，從列寧格勒大學時代開始，就喜歡開玩笑。即使人到中年，幽默感仍然有增無減，從他發表這篇大霹靂模型論文的過程便可見一斑。伽莫夫和阿爾菲研究了大霹靂中元素合成後意識到，宇宙的溫度隨著爆炸後其年齡的增長而逐漸降低。根據阿爾菲的計算，從早期極熱的狀態（大約 10^9K）推算到今天，宇宙經過了漫長的歲月，應該冷卻到絕對溫度 5K 左右，這是對之後發現的微波背景輻射的最早預言。論文發表之前，伽莫夫「玩」心大發，發現阿爾菲和他自己的名字第一個

字母正好和 α、γ 諧音，心想中間再加個 β 就好了，可以拼湊成一個有意思的作者組合（希臘語開始的 3 個字母）。於是便說服當時已經頗有名氣但並未參加此項具體研究工作的漢斯・貝特（Hans Bethe）入夥，又將論文在 1948 年 4 月 1 日愚人節那天發表，稱為 αβγ 理論 [30]。此舉當時就引起阿爾菲的不快，甚至多年後仍然微有怨言。

但是，宇宙大霹靂學說讓一般人聽起來覺得離奇古怪，不可思議，也未被當時的主流科學界廣泛接受。即使直到 1960 年代初，如果誰在科學報告會上提到宇宙誕生於一場「大霹靂」，仍然會引起聽眾一片哄笑，大多數人會認為這是出於報告者的宗教信仰，或者是屬於某種奇談怪論，使得科學界的看法真正發生轉變的，是半個世紀之前偶然被紐澤西州兩個工程師的觀察所證實的「宇宙微波背景輻射」。另一方面，也由於天文學家們糾正了哈伯原來測量中的不足之處，從當時更為準確的哈伯常數推算出來的宇宙年齡增加到 100 億～ 200 億年，與最老的天體年齡相吻合，這個理論才逐漸被科學界接受。現在，大霹靂模型已經得到了當今天文觀測最廣泛且最精確的支持。雖然許多疑問尚存，但基本上被主流物理學界認為是迄今為止解釋宇宙演化的最精確模型。

不過，大霹靂（Big Bang）這個名字經常引起人們的誤解，使大眾認為宇宙是無中生有地從一次「爆炸」（Bang）中產生。固然，僅僅從廣義相對論，或者是由其推導出的傅利曼方程式而言，似乎可以將時間一直倒推至零點（$t = 0$）。但這個零點實際上只對應於數學上的時間奇異點，並無明確的物理意義。後面我們還將詳細解釋這些概念，目前僅提醒讀者注意：當宇宙空間的尺寸小到一定程度時，廣義相對論便不適用了，應該代之以結合了量子效應 [31] 的更深一層的重力規律，但目前我們尚未有如此的物理理論。當年伽莫夫研究的太初核合成，是宇宙年齡從

3 分鐘到 20 分鐘之間的一段時間。如果用「原始火球」來形容早期宇宙的話，應該是最早能夠觀測到的「最後散射面」，那時候的宇宙從不透明變成透明，發射出大量光波一直延續到現在，成為環繞我們周圍的「微波背景輻射」。「最後散射面」的確如同「渾沌開竅」，但那時候宇宙卻早已誕生，差不多長到 38 萬歲了！不過，與現在的 137 億歲比起來，當然還只能算是嬰兒階段。

3. 霍伊爾的堅持 ——

　　有意思的是，「大霹靂」這個名字是一個反對大霹靂理論的天文物理學家取的。據說本來含有挖苦嘲諷之意，卻不料不脛而走，廣為流傳，最後成為這個理論的正式名稱。

　　弗雷德·霍伊爾爵士（Sir Fred Hoyle）是一個很有影響力的英國天文物理學家。當初霍金從牛津大學畢業後去劍橋大學攻讀宇宙學博士，就是衝著霍伊爾的名聲去的，不過後來學校為他指派了另一位物理學家夏瑪。霍伊爾思維獨特，頗具反叛精神，從年輕時代開始就藐視各種規章制度。據說他在讀小學的時候就曾經因為太叛逆而挨了教師一耳光，甚至打聾了他的左耳。大學畢業並獲得碩士學位後，霍伊爾當時完全有資格獲得博士學位再申請大學教職，走上與大多數科學家一樣的學術之路，但他卻與眾不同地放棄了這個機會。不過，在二戰之後，他仍然以過人的聰明才智被聘為劍橋大學的數學講師，後來成為教授。他還建立了劍橋大學的理論天文研究所，擔任首屆所長。但他始終無法與校方打好關係，過分直率固執的霍伊爾，最後於 1973 年辭去劍橋大學的一切職務，成為一名獨立科學家。

　　霍伊爾曾經做出過諾貝爾獎等級的工作。1983 年，美國物理學家威廉·福勒（William Fowler）與印度科學家錢德拉塞卡共享當年的諾貝爾物理學獎，引起學界一片爭議，大多數人包括福勒本人，都感到困惑和遺憾，認為有失公允。因為實際上，福勒的得獎研究 —— 揭示元素恆星起源方面的貢獻，是和霍伊爾一起合作完成的，並且霍伊爾的貢獻無疑

更甚於福勒。福勒提供了基本數據，而霍伊爾貢獻的卻是更為關鍵的原創性思想。

儘管諾貝爾獎委員會並未給出詳細的解釋，但人們認為這顯然與霍伊爾的一貫自恃才高及他的倔強性格有關。一個典型的例子是他對關於發現脈衝星之事的責難。1974 年的諾貝爾物理學獎只授予天文學家安東尼·休伊什，而未提及休伊什的學生貝爾，霍伊爾公開指責休伊什因剽竊學生的觀測成果而獲獎，並言辭激烈地抨擊諾貝爾獎委員會。因此有人猜測這在某種程度上，使得霍伊爾成了他自己直言不諱性格的犧牲品。

如今我們都知道太陽的能量是來自於氫到氦的核融合。這個思想是愛丁頓於 1920 年首先提出來的，但是當年的研究工作尚不能解釋恆星中比氦更重的元素的起源。正是霍伊爾與福勒在 1957 年研究了恆星內部重元素的核合成過程，才回答了各種化學元素的起源問題，為生命形成、人類演化等研究奠定了基礎。這個重要的結果被稱為 B^2FH 理論，以他們和另外兩位物理學家 4 人署名的文章發表在《現代物理評論》（*Reviews of Modern Physics*）期刊上 [32]。但最後因此成果而獲得諾貝爾獎的卻只有福勒一個人。

霍伊爾的研究領域非常廣泛，包括天體物理學、宇宙學、核能利用等，他除了發表學術論文、著有許多學術著作之外，還寫過科普文章、科幻小說、電視劇等。但是，因為他的許多研究成果不符合主流的學術觀點，本人的性格又傲慢固執、剛愎自用，以至於人們都幾乎忘記了他的正確之處和科學研究成就，只記得他的反叛和不合潮流。

霍伊爾在宇宙學中最常被人提起的「事蹟」就是與大霹靂學說的對決。現在看起來，伽莫夫提出大霹靂模型，計算元素豐度並預言微波背

景輻射，在科學界應該是挺風光的。但當年完全不是這麼回事，相信這個理論的人極少，被當作是偽科學或笑話。

　　1948 年，幾乎與伽莫夫提出大霹靂理論的同時，霍伊爾與湯瑪士・戈爾德（Thomas Gold）和赫爾曼・邦迪（Hermann Bondi）一起創立了穩恆態宇宙模型。大霹靂理論認為宇宙在時間上有起點，穩恆理論則認為宇宙無始無終，一直都在膨脹，並且新的物質不斷地從無到有地產生。1949 年霍伊爾在英國廣播公司（british broadcasting corporation，BBC）的一次廣播節目中首先使用「大霹靂」（Big Bang，等同於「大爆炸」之意）一詞來嘲笑大霹靂模型，也藉此比喻來強調兩種宇宙模型的區別。在 1960 年左右，霍伊爾又改進了他的穩恆態模型，加入了區域性的快速膨脹區域，得出萬有引力常數隨時間減小、地球在膨脹的結論。一直到了 1965 年，大霹靂學說所預言的微波背景輻射被證實，才使得大多數物理學家都接受了大霹靂理論。霍金曾經比喻說，微波背景輻射的發現是為穩恆宇宙理論的棺材上釘上了最後一顆釘子。當初建立宇宙穩恆理論三員大將之一的邦迪也承認了穩恆理論已被推翻的事實。霍伊爾的另一位「夥伴」戈爾德則一直堅持到 1998 年，但後來也開始提出對穩恆理論的質疑，因為已經有越來越多的證據表明穩態理論存在嚴重的不可克服的問題，而大霹靂學說更符合天文觀測的事實。三人中唯有霍伊爾，直至其 2001 年去世，始終都固執己見。

　　不過，霍伊爾的理論雖然有錯誤，但他的堅持仍然增加了人們對宇宙演化過程的理解。科學總是在和反對派的爭論中才不斷進步的。實際上，當初的霍伊爾也正是基於對大霹靂理論的質疑，才激發靈感，因而和福勒一起研究恆星的核合成。

　　大霹靂模型在實驗方面有三大支柱：哈伯觀測到的宇宙膨脹、宇宙

微波背景輻射的發現，以及太初核合成理論對元素豐度的預測，它們是支持大霹靂理論三個最重要的證據。

太初核合成理論是伽莫夫等人在 αβγ 文章中提出的，但霍伊爾認為這個理論很可笑，怎麼可能「在遠小於煮熟一隻鴨子或烤好一份馬鈴薯的時間裡」宇宙就發生了從基本粒子到一系列元素的合成演化呢？這個疑問啟發他和福勒一起在 1960 年代研究恆星核合成而得到了這個名垂青史的重要結果。現代天體物理學的觀點是：太初核合成中生成了氫、氦、氚等輕元素，恆星核合成則完成了從輕元素到各種重元素的轉化。所以，霍伊爾雖然反對大霹靂理論，但對大霹靂宇宙學的貢獻實際上也是不可忽略的。

晚年的霍伊爾沉湎於某些奇異念頭中無法自拔，比如他固執地認為地球是因為遭到外太空微生物的襲擊而導致流感和其他疾病的爆發。他口無遮攔，在證據不足的情況下指責大英博物館等機構造假。霍伊爾過分傲慢和頑固不化的處世態度固然不可取，但他這種在科學界少見的直率較真、標新立異，不遵從社會門戶之見的治學風格，也算是留給我們的一份難得的寶貴遺產。

4. 微觀世界的祕密 ———

　　物理學研究中有兩個極端：極小微觀的粒子物理和極大宇觀的宇宙學。大霹靂理論使得這兩個尺度具天壤之別的研究領域相互「聯姻」。事實上，宇宙早期模型就是一個超高能物理世界，沒有量子力學和粒子物理就不可能徹底破解宇宙奧祕。因此，有必要在這裡介紹一點量子力學及粒子物理的知識。

　　（1）普朗克尺度

　　前面曾經說過，廣義相對論在宇宙小到一定程度就不適用了，小到什麼尺度呢？這個尺度叫做普朗克尺度。德國物理學家馬克斯·普朗克（Max Planck）是量子力學的創始人，他的名字經常和量子理論中的一個基本常數：普朗克常數，連在一起。量子力學背後的基本思想是波粒二象性。比如說，頻率為 v 的光波可以看成是由一個個的量子組成，每個量子的能量是 hv，這裡的 h 便是普朗克常數。普朗克常數是一個很小的數，大約等於 6.626×10^{-34}J·s，它的出現代表需要使用量子物理規律。

　　普朗克尺度也是以普朗克的名字命名，它指的是必須考慮引力的量子效應的尺度，比剛才所說一般量子力學應用的尺度還要小很多。因為在這樣的尺度，引力的量子效應變得很重要，需要有量子引力的理論。在這裡，尺度的意思可以理解為多種物理量：長度、時間、能量、質量。所以，普朗克尺度便可以用普朗克質量、普朗克能量、普朗克長度、普朗克時間中的任何一個來代表。

　　有一個問題：為什麼可以用「長度、時間、能量、質量」來表示同

一個東西呢？這是因為理論物理學家們經常使用一種特別的單位制，稱為自然單位制。在自然單位制中，將一些常用的普適常數定義為整數 1，這樣可以使表示式看起來大大地簡化。比如說，如果將光速的單位定為 1，愛因斯坦的質能關係式 $E = mc^2$ 便簡化成了 $E = m$，意味著在這個單位制中，能量和質量的數值相等了！除了光速 $c = 1$ 之外，普朗克自然單位制中，將重力常數和約化普朗克常數（等於普朗克常數除 2π）也定義為 1。

所以，如果我們首先規定了普朗克質量的數值，那麼透過自然單位制的轉換便可以得到其他 3 個值。在國際標準單位制中，它們的數值分別是：普朗克質量（2.17645×10^{-8}kg）、普朗克能量（1.22×10^{19}GeV）、普朗克長度（1.616252×10^{-35}m）、普朗克時間（5.39121×10^{-44}s）。從以上數值可以看出：普朗克長度和普朗克時間都是非常小的數值，因為原子核的尺寸也有 10^{-15}m 左右，比普朗克長度還要大 20 個數量級。探測越短的長度，需要越高的能量，因此，普朗克能量是一個非常大的數值，大大超過現代加速器能夠達到的能量（10^4GeV）。

換言之，普朗克尺度是現有的物理理論應用的極限。大霹靂模型只能建立在這個尺度以內，宇宙的年齡 t 不能倒推到零，頂多只能推到比普朗克時間大一點的時候。

（2）不確定性原理

不確定性原理有時也被稱為「測不準原理」。根據不確定性原理，對於一個微觀粒子，不可能同時精確地測量出其位置和動量。其中一個值測量得越精確，另一個的測量就會越粗略。比如，如果位置被測量的精確度是 Δx，動量被測量的精確度是 Δp 的話，兩個精確度之乘積將不會小於 $\hbar/2$，即：$\Delta p \Delta x \geq \hbar/2$，這裡的 $\hbar$ 是約化普朗克常數。精確度是什

麼意思？精確度越小，表明測量越精確。如果位置測量的精確度 Δx 等於 0，說明位置測量是百分之百的準確。但是因為位置和動量需要滿足不確定性原理，當 Δx 等於 0，Δp 就會變成無窮大，也就是說，測定的動量將在無窮大範圍內變化，亦即完全無法被確定。

雖然不確定性原理限制了測量的精確度，但它實際上是類波系統的內秉性質，是由其波粒二象性決定了兩者不可能同時被精確測量，並非測量本身的問題。因此，稱之為不確定性原理比較確切。

以現代數學的觀念，位置與動量之間存在不確定性原理，是因為它們是一對共軛對偶變數，在位置空間和動量空間，動量與位置分別是彼此的傅立葉變換。因此，除了位置和動量之外，不確定關係也存在於其他成對的共軛對偶變數之間。比如說，能量和時間、角動量和角度之間。

（3）統一理論和標準模型根據大霹靂理論，在宇宙演化的早期，所有物質處於高溫、高壓、高密度、高能量的狀態。那種狀態正是人類花費大量經費製造高能粒子加速器所想要達到的目標。因此，理論物理學家們將近年來粒子物理中的統一理論 [33] 用於宇宙早期演化過程的研究。

在這條漫長的統一道路上，目前人類走到了哪裡呢？

圖 8-4-1 的示意圖中，中間的「能級階梯」被畫得像一條通向遠處的高速公路。實際上它也的確象徵了粒子物理學家們所期望的加速器能量不斷增加的漫長征途。在「能級階梯」的左側，向上的箭頭以及標示出的各級能量數值，表示不斷增加的加速器能量，以便能探索到越來越小的物質結構。右側顯示的長度數值，便是相應的能量級別能夠達到的微觀尺度。比如說，當能量達到 10^6GeV 附近時，相對應的長度數值是 10^{-21}m 左右（原子核的大小被認為大約是 10^{-15}m）。目前，歐洲大型強子

對撞機的最高能量據說可達 13TeV 左右，在圖中的位置比標示著「現在」的那條水平紅線稍微高一點點，代表了目前加速器能達到的最高水準。

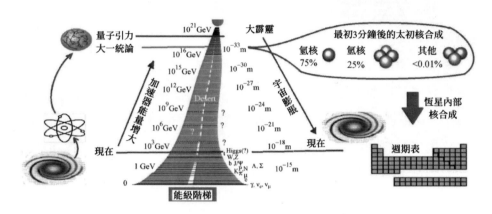

圖 8-4-1 大霹靂模型將粒子物理和宇宙學交會在一起

我們常見的物質都是由化學元素表上的各種原子構成的，原子又由質子、中子和電子組成。那麼，質子、中子和電子，再加上光子，是否就是組成整個世界的基本粒子呢？也許在 1940 年代之前，人們是這樣認為的。但後來，科學家們從宇宙射線和粒子加速器中發現了越來越多的「新粒子」，到了 60 年代，觀察到的不同粒子高達 200 多種，被科學家們笑稱為「粒子家族大霹靂」。大量的「粒子」數據，促進了粒子物理和統一理論的研究和發展。

根據粒子物理現有的理論，世間萬物由 12 類基本粒子及其反粒子組成。其中包括 6 種夸克和 6 種輕子。除了構成物質實體的粒子（夸克、輕子等費米子）之外，粒子之間存在的 4 種基本相互作用：引力、電磁、強、弱，由相應的規範場及其傳播子來描述，如圖 8-4-2（b）所示。圖中還畫出了被標準模型所預言最後發現的「希格斯玻色子」，以及不知是否存在的「引力傳播子」。

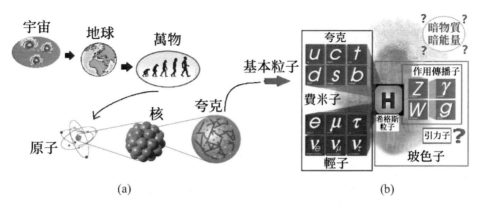

圖 8-4-2 組成宇宙萬物的基本粒子（不包括暗物質和暗能量）

目前的粒子物理標準模型，基本上被主流物理學界所承認，但尚未包括引力、暗物質、暗能量等。2012 年歐洲核子研究組織的物理學家們確認發現了希格斯粒子之後，標準模型終告完成。

對於 4 種基本相互作用，粒子物理學家們有一個共識：當能量級別增高，基本粒子之間的距離減小時，4 種力將會走向統一。比如說，當能量增加到 10^{12}GeV 之後，即粒子之間的距離小於 10^{-17}m 時，電磁作用和弱相互作用表現為同一種力（標準模型）。如果能量再增高到 10^{18}GeV 時，強相互作用也和弱電一致了，3 種力實現統一（大一統理論）。如果距離再繼續減小，能量繼續增加到 10^{21}GeV 之後，到達量子引力階段，引力也只好屈服了，4 種相互作用統一成一種（萬有理論）。

從圖 8-4-1 的能級階梯也可以看出，我們的現代加速器技術，所具有的能量等級還很低，距離大一統理論及象徵量子引力時代的普朗克能量 10^{19}GeV，還差好多個數量級！

5. 從夸克到宇宙 ──

當伽莫夫提出大霹靂理論的那時候，還沒有夸克的概念，也沒有圖 8-4-2（b）表示的基本粒子分類表。因此，伽莫夫無法考慮宇宙極早期的物理過程。儘管我們現在所描述的現代宇宙早期演化模型，基本上仍然沿用了當年伽莫夫的理論，但已經根據粒子物理的標準模型，重新審視和詮釋了宇宙在大霹靂早期的演化過程。

不過，沒有任何人造的粒子加速器能比得過大自然的力量。我們所追求的目標──「能級階梯」高能量公路的終點，實際上就是宇宙大霹靂之初，即時間的起點。在大霹靂開始的最初幾分鐘內，已經生成了質子、中子、微中子等，合成了某些原子核。因此，研究宇宙爆炸早期發生的事情，粒子物理理論將受益匪淺。

暫且不考慮暗物質、暗能量、引力子等未知的物質形態。我們知道，地球上以及宇宙中的可見物質，都是由各種原子組成的。原子又由原子核和被它束縛在周圍的電子構成，由此而形成了各種「元素」。元素有天然發現的和人工合成的，有氣體、液體、固體。元素的原子核有大有小、有輕有重，元素週期表便是根據原子核中的不同質子數和中子數來幫元素分類。也就是說，大千世界的不同萬物、各種形態諸多的性質，最後都是由核中的質子和中子數決定的。

物理學家思索宇宙間物質的最小結構是些什麼？化學家則喜歡關心宇宙中各種元素的成分比例，稱之為「元素的豐度」。他們驚奇地發現，儘管元素週期表上列出了超過 100 種的不同「元素」，宇宙中豐度最大的

卻是兩種最輕的元素：氫和氦。這兩者加起來約占宇宙質量的98%以上，
而所有其他元素的質量之和才占大約1%。氫和氦兩種原子核之間在宇宙
中的相對質量比例有所不同，分別為 3/4 及 1/4，如圖 8-5-1 所示。考慮
到氫原子核實際上就是一個質子，而氦原子核包括了兩個質子和兩個中
子，從氫氦豐度比（3/4 和 1/4），我們不難得出宇宙中質子數和中子數
所占的比例大約是（14:2）＝（7:1）。這是個「大約」的數值，原因之一
是因為它僅僅來自於氫氦之比，完全忽略了占 1% 的其他元素的貢獻。

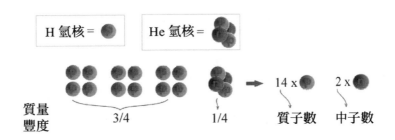

圖 8-5-1 氫和氦的質量豐度

因此，大自然向科學家們提出了一個有趣的問題：為什麼宇宙間物
質中包含的質子數和中子數會有這樣（7:1）的比例呢？這是否應該與宇
宙演化過程中物質（原子核）的形成有關？

天文測量證實，氫氦等輕元素的豐度比在整個宇宙中的分布基本是
均勻的，這個事實啟發了伽莫夫，使他感覺這個比值不是來源於恆星形
成之後，而是來自宇宙演化的早期。伽莫夫設想，也許早期的宇宙就像
是一間廚房，宇宙中的各種元素（後來證明只是幾種輕元素），都是從那
時的高溫高壓下烹飪出來的？由此奇特的想法，伽莫夫於 1948 年建立了
太初核合成的理論。

根據伽莫夫提出的「大霹靂」理論，離原初時間越近，物質就越是

高溫、高壓、高密集，越是分離成為更為「基本」的成分。那麼，從我們自信心較強的時間尺度（即爆炸後 10^{-35} 秒）開始談起比較合適。那時候，引力作用已經分離出去，暴脹過程結束，宇宙溫度大概為 10^{28}K，應該是一片以輻射為主的世界。然後，宇宙急遽膨脹，強相互作用也開始分離出去，出現了作為強相互作用交換粒子的膠子，並產生少量的輕子和夸克。隨後的 1min 內，溫度降低，整個宇宙逐漸以物質為主導，變成「一鍋」炙熱的夸克、膠子、輕子、光子「湯」，各種粒子頻繁碰撞相互轉化，處於熱平衡狀態，也形成了少量中子和質子。開始時，中子數和質子數大致相等，但比光子數少得多，只有光子數的幾億分之一。

中子和質子分別由 3 個夸克構成，夸克有 6 種不同類別，還分別有它們的反粒子。這裡我們不詳細敘述質子和中子的夸克結構，但不同的結構造成了它們質量上有一個微小的差別：中子比質子質量稍大（大約 0.1%）。正是這個微小的質量差別造成了宇宙演化中中子數和質子數的不同。

多粒子物理系統（經典的）熱平衡時遵從一個簡單的統計規律，即波茲曼分布：

$$N = Ce^{-E/kT} \tag{8-5-1}$$

式中：N 是粒子數；E 是能量；T 是系統的溫度；k 是波茲曼常數；C 是比例係數。

簡單地說，波茲曼分布表明在平衡態下粒子數與能量和溫度的關係。大自然總是盡量挑選「便宜」方便的事情做。能量低的粒子多，能量高的粒子數少。這點可以具體應用到中子和質子上，因為中子的質量更大，形成中子需要的能量比形成質子所需能量更高，因而中子數要少

於質子數。此外，波茲曼分布也與溫度有關，溫度越低，同樣的質量差別造成的粒子數差別越大。因此，隨著宇宙的膨脹，宇宙溫度的降低，質子數與中子數的差別越來越大。在大霹靂後 1 秒左右，有一段時期叫做「微中子退耦」，這時質子和中子的比例從接近 1:1 的初始值已經增加達到 4 ： 1 左右。微中子退耦打破了系統的動態熱平衡，停止了原來質子和中子互相轉換的過程。雖然接下來波茲曼分布不再是決定質子與中子數目之差的主要原因，但由於中子自身的不穩定性，中子開始透過 β 衰變轉化成質子，使得質子和中子數之比繼續增加。當大霹靂發生 3 分鐘左右，質子中子比例接近 7 ： 1。

如此想像下去，似乎質子會越來越多，中子會越來越少，因為自由中子壽命不長（平均壽命 10 分鐘左右），所有的中子似乎都將衰變成質子。不過，事實並不是這樣，那是因為我們忽略了另外一種現象的可能性。事實上，在大霹靂發生 3 分鐘之後，宇宙的溫度降到 10^9K，已經有條件形成結構多於單個質子的穩定的原子核。也就是說，太初核合成開始拉開序幕。比如說，1 個質子和 1 個中子可以結合成氘核；氘核可以再結合一個質子形成 ^{3}He 核；最後再結合中子組成氦核（^{4}He）。中子只在自由的狀態下才容易發生衰變，當它們「躲」到氦核中去之後，卻是格外穩定。因此，這些核合成反應的最後結果，將宇宙 3 分鐘內形成的幾乎所有中子都結合到氦核中去了，此外，也形成了很少分量的氘核、^{3}He 核及 ^{7}Li 等。

如上的太初核合成過程延續了大約 17 分鐘，後來隨著宇宙進一步膨脹、溫度進一步降低，使得難以發生進一步的任何其他核融合。簡言之，太初核合成時間雖然不長，功勞卻不小，它將宇宙 3 分鐘內尚未衰變的中子「塞」進了氦核中藏起來，使得氫核和氦核的元素豐度固定在

75% 和 25%，將宇宙中質子與中子數的比例（7：1）儲存了下來。

　　這幾種輕元素核（氫氦為主），是宇宙大霹靂早期埋下的「種子」。太初核合成「儲存」下來的輕元素豐度數值，準確地與實驗測量的豐度值相吻合，因而被認為是大霹靂理論的第二個強而有力證據。

6. 宇宙如何演化 ———

　　從現在測量到的哈伯常數值的倒數，計算出的宇宙年齡大約為 137 億年。上一節中介紹的元素太初核合成，卻在宇宙年齡從 3 分鐘到 20 分鐘左右就完成了。宇宙在 3 分鐘之內發生了些什麼？20 分鐘以後面貌又如何？這是人們感興趣的問題。

　　我們首先為宇宙 20 分鐘之後到 137 億年，從胚胎、嬰兒、青年到如今，勾畫一個大概的年表，以便讀者對宇宙演化有一個粗略的認識。

　　再回到傅利曼的宇宙膨脹模型，重溫本章第 1 節中解出的描述宇宙膨脹的尺度因子 $a(t)$ 的幾種主要情況：如果物質（塵埃）起主導作用，$a(t) \sim t^{(2/3)}$；如果輻射起主導作用，$a(t) \sim t^{(1/2)}$；如果真空能量密度（暗能量）起主導作用，$a(t) \sim e^{Ht}$。這裡暫時假設了宇宙空間平坦，曲率因子 $k = 0$。

　　此外，我們還知道各種宇宙物質密度與尺度因子的關係，這樣便能得到不同物質密度隨著時間變化的關係。圖 8-6-1（a）中 3 條不同的曲線分別表示物質密度、輻射密度、暗能量密度與時間（宇宙年齡）的關係。3 條曲線有 2 個交叉點值得注意：A 發生在宇宙年齡 4.7 萬歲左右，那時候塵埃物質密度與輻射密度相等。另一個交叉點 B 是在宇宙年齡 98 億歲左右，那時候暗能量密度超過塵埃物質密度，顯然早已大大超過輻射密度，暗能量密度成為宇宙膨脹的主導因素。

　　根據大霹靂理論，宇宙早期處於高壓、高密度、高溫狀態，不僅星系和恆星不可能存在，也沒有形成穩定的原子結構。早期一片混沌時的

宇宙，能量主要由光子主導。太初核合成結束後，光子頻繁地與質子、電子相互作用，但仍然是輻射能量大大超過物質能量。因此，在大霹靂後直到 4.7 萬年的宇宙，稱之為輻射主導時期。之後，隨著溫度下降，原子形成，原子類物質和暗物質的能量逐漸超過輻射，成為主導部分。但是，無論是輻射相關的密度，還是明暗物質相關的密度，都隨著宇宙空間尺度的膨脹而迅速下降，如圖 8-6-1（a）中的藍色和紅色曲線所示。因為暗能量密度（綠色曲線）始終保持在一個常量，不隨時間而變化，最後在圖中的 B 點開始，成為宇宙演化的主導因素，使得宇宙尺寸隨著時間指數成長。因此，宇宙從 4.7 萬年到 B 點代表的 98 億歲這段漫長的歲月，都算是物質主導時期。在圖 8-6-1 中沒有討論曲率 k 的作用，k 只能取 - 1、0、1 這 3 個數值，分別代表 3 種不同宇宙幾何形狀，並不影響宇宙膨脹的基本特徵，此外，根據天文觀測數據證實，宇宙是基本平坦的，即 k 等於 0。

圖 8-6-1（b）顯示了宇宙物質密度從「輻射為主」，過渡到「物質為主」，再變成「暗能量為主」期間內宇宙尺度的變化。如圖所示，在輻射起主導作用時依據 $t^{(1/2)}$ 規律，塵埃物質主導時依據 $t^{(2/3)}$ 規律，這兩種情形都是減速膨脹，即標度因子 a（t）對時間的二階導數為負值。

在 1998 年之前，物理學家們尚未意識到「暗能量」的重要性。根據上面所說的，無論是輻射密度導致的膨脹，還是物質密度導致的膨脹，都是減速膨脹。所以，科學家們認為，雖然宇宙在膨脹，但膨脹的速度會越來越慢。但是，1998 年，三位物理學家索爾・珀爾穆特（Saul Perlmutter）、布萊恩・施密特（Brian Schmidt）和亞當・里斯（Adam Riess）「透過觀測遙遠的超新星而發現了宇宙正在加速膨脹」。這個觀測事實改變了人們的看法，三位學者也因此而榮獲 2011 年諾貝爾物理學獎。之後

十幾年的觀測數據，也證實了宇宙膨脹的速度並非越來越慢，而是越來越快。

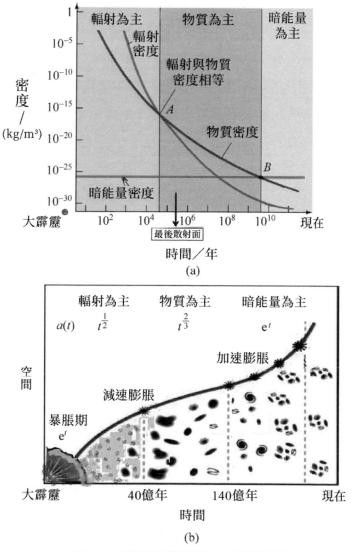

圖 8-6-1 用傅利曼模型解釋宇宙膨脹過程
（a）輻射、物質、暗能量的密度隨時間的變化；（b）宇宙空間的膨脹

　　加速膨脹意味著標度因子 $a(t)$ 對時間的二階導數為正值，在傅利曼方程式的 4 個解中，只有與愛因斯坦常數有關的「暗能量密度」一項，符合這點要求。也就是說，愛因斯坦原來加到場方程式中的宇宙常數 Λ 不能為零，將它請回來便有可能解決這個問題，這便是大家知道的宇宙常數死灰復燃的故事。

　　宇宙從輻射主導變成物質主導之後不久，還有一個被稱為「最後散射面」的重要年齡點，這是發生在大霹靂之後的 38 萬年左右，見圖 8-6-1（a）中的標示。在這個年齡之前，氫和氦原子開始形成時，原子核處於電離狀態，電子游離在離子之間，並不斷地與光子和質子相互作用。也就是說，當電子尚未被原子核俘獲形成穩定的原子結構之前，宇宙處於「等離子體狀態」，是由質子、中子、電子、光子以及少量其他粒子混合起來的一大碗等離子體「熱湯」，其中的光子不斷被其他粒子反射和吸收，自由傳播的距離非常短。但因為宇宙不斷膨脹，這碗熱湯的體積不斷增大，溫度持續降低。此時電子跑不快了，便逐漸被離子捕獲，兩者結合形成中性原子，這個過程稱為「複合」。在複合結束後，宇宙中大部分的質子都捆綁了某些電子，成為電中性的原子。中性原子與光子的相互作用大為減少，使得光子的平均自由路徑幾乎成為無限長，意味著光子可以在宇宙中自由通行，宇宙變得透明。這個事件通常被稱為「退耦」。

　　圖 8-6-2 中左圖是放大了的最後散射面附近的輻射示意圖。圖中的水平方向代表時間，從左到右表示宇宙年齡增大。在最後散射面之前（左邊），因為宇宙是混沌一片的等離子體，宇宙更早期輻射的光子，傳播很短的距離便在等離子體中被多次反射、折射或吸收了，到不了右邊。所以說，這一段等離子體期間像是一團「大霧」，對宇宙更早期的光輻射

而言是不透明的。宇宙更早期雖然也有光，但不能被「最後散射面」之後的觀測者透過望遠鏡看見。直到宇宙 38 萬～ 40 萬歲，原子核和電子結合成原子，電子被原子核綁住了，行為逐漸規矩起來，不再輕易與光子作用，光子傳播的空間大大增加，才能一直在宇宙中奔跑。再後來，宇宙繼續膨脹，恆星、星系形成了，原來輻射的可見光波長也因為空間膨脹而被拉長。最後，當我們地球上的觀測者接收到這些光子時，它們的波長已經被拉長到了微波的範圍，宇宙的溫度也從最後散射面時期的3,000K 左右降低到了 3K 左右，這便是我們提到過多次，後來還要詳細介紹的微波背景輻射。

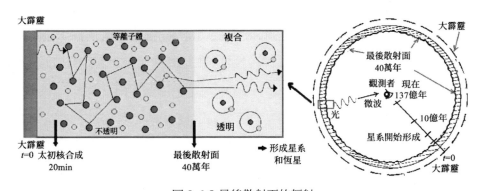

圖 8-6-2 最後散射面的輻射

最後散射面時期的宇宙有大量的可見光輻射，如果近距離看的話，整個宇宙「天空」都如同我們現在看見的太陽。怎麼才叫「近距離」看？只能想像在宇宙 40 萬年左右就進化出了某種生物，它們那時看到的宇宙就應該是滿天一片「燦爛的太陽」！但這種想像中的生物是不可能存在的，從複合成原子到出現生命，宇宙還有漫長的路要走！走到如今，大自然中終於進化出了能夠探測到這種輻射的人類。不過，遺憾的是，我們現在只能從距離散射面 137 億光年的「遠距離」來觀測它，當初的

第八章
大霹靂模型

「燦爛太陽」，如今已經變成了滿天「看不見的微波」！

雖然宇宙演化至今的時間漫長，但其中令宇宙學家們感興趣的「亮點」卻好像暫時不太多。原因主要是我們觀測手段的限制。探測宇宙的演化可不是那麼容易的。宇宙學就像「考古」一樣，越久遠的事情就越難以搞清楚，何況宇宙學「考」的是 100 多億年之前的廣漠宇宙之「古」。宇宙演化漫長的歲月中，有無限多的未知「時間段」需要「考證」。

最後散射面之後的很長一段時間，從大霹靂之後的 1.5 億年到 8 億年，被稱為宇宙的「黑暗時期」。最後散射面的光子可以毫無阻攔地自由穿過這段黑暗時期，但黑暗時期本身的輻射卻產生得很少，因為那時候的宇宙中只有電中性的原子到處晃盪，星系和恆星尚未形成，沒有核融合提供大量輻射能量，唯一的輻射是中性氫的電子自旋釋出的 21 公分氫線。

不過，這種中性原子主導的「黑暗」宇宙只是處於一種暫時的「動態平衡」中，不安分的種子早就已經暗藏在看似光滑均勻的「最後散射面」上。在經歷了天長日久的潛伏之後，終將按耐不住，一個個爆發在黑暗中。事實上，早期宇宙的均勻混合物表面上有很小的密度起伏，這些密度漲落，即均勻宇宙中的小偏離，按照引力規律演化後成團，後來大量的物質塌縮形成星系。

目前觀測到的最早的星系形成於大霹靂後 3.8 億年左右。大多數人認為恆星是星系物質進一步碎裂的產物，大霹靂之後約 5.6 億年，第一代恆星開始形成。最初的恆星和類星體在重力塌縮下形成。它們發出強烈的輻射使周圍的宇宙再電離。之後，大量的小星系又合併成大星系，星系的引力彼此拉扯形成星系群、星系團和超星系團。天文學家們猜想

銀河系的薄盤形成於大霹靂之後 50 億年左右。又過了幾十億年，太陽系開始形成和演化，後來形成地球、產生生命，直到現在。

我們再簡略描繪一下大霹靂後 3 分鐘內宇宙演化過程中最精彩又最不可思議的一段。這一部分的故事首先由粒子物理的統一理論主宰。

普朗克時期開始於普朗克時間 10^{-43}s，所有 4 個基本作用無法區分。大一統時期始於 10^{-36}s，引力與其他作用分開，溫度約為 10^{27}K。然後，是我們後面將介紹的宇宙暴脹階段，在 $10^{-36} \sim 10^{-33}$s 之間，宇宙的尺度增長了不可思議的大約 30 個數量級。

暴脹停止後，宇宙從重新加熱到冷卻，成為夸克、膠子等離子體，這個階段持續到 10^{-12}s。從 $10^{-12} \sim 10^{-6}$s 為夸克主導時期，此時宇宙膨脹、溫度急遽下降，4 種基本力和基本粒子出現，表現為我們在目前所見到的形式。第 1 秒之前是質子和中子等強子形成的時期，再進入到輻射為主的光子時期。然後，最初 3 分鐘結束，開始核合成，直到第 17 分鐘左右……

宇宙演化過程還有最後一個問題：宇宙的未來如何？這方面的研究就要考慮宇宙空間的曲率因子 k 的作用了，因為在宇宙標準模型中，其未來的演化情況與空間的幾何形狀有關。

仍然可以從傅利曼方程式來探討這一問題。根據傅利曼的理論，宇宙空間的形狀有 3 種可能性：開放、閉合、平坦，取決於宇宙的質量密度。更準確地說，是取決於宇宙的質量密度與臨界質量密度的比值 $\varOmega_0$（相對質量密度）。如圖 8-6-3（b）所示，臨界質量密度：

$$\rho_0 = 3H^2/8\pi G$$

定義為：當設定宇宙常數為 0 時，產生平坦的傅利曼度規的質量密

度。以上 $\rho 0$ 的表示式中，H 為現在的哈伯常數，G 是萬有引力常數。這個臨界質量密度大概是多大呢？據說大約是每立方公尺有 3 個核子（質子或中子）。

圖 8-6-3（a）表示大霹靂之後，由於質量密度的不同而形成了 3 種不同的宇宙演化模型。這些模型預測了宇宙的未來。當 $\Omega_0 > 1$ 的時候，說明宇宙中的物質足夠多，將產生足夠大的引力，在一定的時候將使宇宙停止膨脹，開始收縮，最後變成與大霹靂過程相反的大擠壓，讓宇宙恢復到爆炸誕生時的炙熱狀態。反之，當 $\Omega_0 < 1$ 的時候，沒有足夠的質量產生足夠的引力來使得物質保持在一起，因而宇宙將永無止境地膨脹，有可能最終走向「熱寂」。也許千億年以後，宇宙又將回到孤獨的「宇宙島」？前面所述的這兩種情況似乎都會使得人們對宇宙的未來憂心忡忡，儘管像是在杞人憂天，但大家總希望宇宙有個好一點的結局。第三種平坦宇宙，對應於 $\Omega_0 = 1$，則介於上述兩種情形之間。

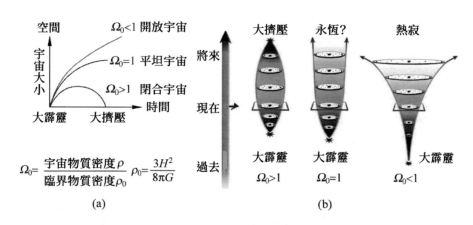

圖 8-6-3 3 種宇宙模型

我們的宇宙屬於哪一種模型？實際上，直接測量與估算宇宙的平均密度複雜而困難，能夠估算的，頂多也只是可見物質構成的星體對平均

密度的貢獻。反之，依據現有的天文觀測數據，天文學家們得到大範圍內的宇宙是基本平坦的結論。這個平坦無限，然而動態的宇宙圖景，總算讓人們心情舒暢了一些。

平坦宇宙需要滿足 $\Omega_0 = 1$，也就是說，總體物質密度要等於臨界密度。但從觀測數據得到的發光物質的密度不超過臨界密度的 1/10。加上看不見卻明顯表現出引力效應的暗物質，能達到百分之二十幾，仍然遠遠不夠，剩下的便只好請「暗能量」來補充了。

在此澄清幾點對大霹靂和無限宇宙的誤解（第九章中將有更多的討論）。大霹靂並不是發生在空間中的某一點，而是發生在三維空間的所有點。如果對空間曲率為 0 的平坦宇宙模型，即是發生在整個「無窮大空間」的時間奇異點上。因為我們使用的是平坦三維空間宇宙模型，其空間曲率總是為零，但時空曲率不會總是 0。實際上，在大霹靂發生時的那個奇異點，時空曲率為無限大。三維空間雖然是平坦的，但溫度卻是無限高、質量密度無限大，爆炸發生在空間的每一點。大霹靂之後，時空膨脹，奇異點轉為正常的時空點。溫度下降，質量密度降低，時空曲率減小（空間曲率始終為 0），原來體積就是無窮大的宇宙空間繼續不斷膨脹。

另外，需要把宇宙可能的 3 種演化模型與「可觀測宇宙」區分開來。無論宇宙模型預料的宇宙是有限還是無限，可觀測宇宙總是有限的。就我們所知，根據對宇宙微波背景的觀測，大霹靂理論猜想的宇宙年齡大約為 137 億年。而光傳播的速度有限，因而我們可以觀測到的宇宙範圍是有限的。因為我們能夠探測到的最早的光是某些星球在 137 億年之前發射出來的，光波發射之後，這些星球（星系）與地球之間的空間又經過了 137 億年的「膨脹效應」。根據宇宙膨脹的模型以及天文觀測得到的

哈伯常數，可以估算出這些星系現在離我們的距離。這個距離遠遠超過137 億光年，大約是 465 億光年。

將這個距離（465 億光年）為半徑，地球為中心，可作一個球面。球面包圍的三維空間便是我們的「可觀測宇宙」，球面是可觀測宇宙的邊界，稱之為「視界」，或過去視界。

視界之外是什麼？是「可觀測宇宙」的延續，或許有限，或許無限，根據圖 8-6-3 中的 Ω_0 而定。雖然其中星球發射的光波暫時還到達不了地球，但它應該與我們能看到的宇宙部分大同小異，因為我們認為整個宇宙是處處同質且各向同性的，這是宇宙學原理的基本假設。

既然視界之外的東西觀測不到，何不讓想像力盡量飛翔馳騁，也包括想像一個多宇宙的圖景，假設除了我們觀測到的宇宙之外，還有觀測不到的其他宇宙「存在」，如果這個想像的假設對解釋我們在「這個」宇宙得到的觀測數據或者理論有幫助的話，又未嘗不可呢？

再加上幾句話，以強調和理清本書中對「宇宙」一詞的使用。當我們談到宇宙時，所指的可能有以下情形：宇宙學中泛指的作為研究對象的宇宙模型，或是指真實的宇宙。真實宇宙又有可能說的是有限的「可觀測宇宙」，或者是包含了更多，或有限或無限的所有部分，我們在後面章節中將這個真實的可能是無限的宇宙稱為「大宇宙」。其他大多數情況下的宇宙，則指以銀河系為中心的「可觀測宇宙」。

7. 探尋宇宙的第一束光 ——

　　使大多數科學家轉變觀點、認真思考以致最終接受大霹靂模型的，
是宇宙微波背景輻射的發現，是這些圍繞在我們周圍、無處不在的「古
老之光」。不難明白，大多數人轉變觀點的緣由是，雖然輕元素豐度的
測量值和理論預言值的確吻合得很好，但那不過只是幾個簡單的數字，
其力量不足以扭轉人們對穩態宇宙根深蒂固的信念。至於從哈伯開始就
一直觀察到的宇宙正在膨脹的事實，也不足以讓人相信由此而倒推回到
137 億年之前的景象是「真實」的。並且，宇宙是否正在膨脹，或是否加
速膨脹，普通人看不見也感覺不到，只聽天文學家們這麼說，許多人還
是有些將信將疑。

　　然而，微波背景輻射不同，它就在我們身邊。儘管微波無法被我們
的肉眼看見，但人們，即使是非科學界人士，對這個名詞並不陌生，基
本上不會懷疑現代科學技術探測到它們的可能性。

　　當然，絕大多數人仍然相信「口說無憑、眼見為實」，即使不是親眼
所見，也得有實驗證據。所以當伽莫夫在 1940 年代末從理論上預言微波
背景輻射時，也沒有多少人重視它，直到 1964 年美國貝爾實驗室兩位工
程師的實驗天線探測到它們，微波背景輻射才一躍成為天文中的熱門研
究課題。

　　微波背景輻射的實驗發現就更具戲劇性了。談及這件事情時，人
們總是津津樂道地說：「美國兩位無線電工程師偶然發現了微波背景輻
射」。但這種說法並不完全準確，對美國紐澤西貝爾實驗室兩位諾貝爾獎

得主當時（1964年）的資歷和能力也有失公平。準確地說，阿諾・彭齊亞斯（Arno Penzias）和羅伯特・威爾遜（Robert Wilson）不僅是工程師，也可以算是具有專業學術背景的天文學家，他們分別從哥倫比亞大學和加州理工學院獲得了博士學位。只不過他們那時對大霹靂理論的確一無所知，並非真正有心理準備地要探測宇宙中的微波背景輻射而已。

　　兩位研究者的工作是無線電天文學，他們看上了實驗室附近克勞福德山上的一架廢棄不用了的角錐喇叭天線。那是一個重達18公噸的龐然大物，見圖 8-7-1（b），原來是用來接收從衛星上反射回來的極微弱通訊訊號的，不巧這個功能很快被之後發展得更為先進的通訊衛星所替代。可以想像，那時候在研究經費上的分配，通訊領域一定是大大優於天文研究的。因而，兩位專家花了大量的精力和時間，將這個喇叭天線改造成了一臺高靈敏度、低噪音的無線電天文望遠鏡，準備用它來觀測微弱的宇宙無線電波源。

(a)　　　　　　　　　　　　　　　(b)

圖 8-7-1 微波背景輻射的發現者
（a）普林斯頓大學迪克教授；（b）紐澤西貝爾實驗室的彭齊亞斯和威爾遜

　　與此同時，離他們不遠的普林斯頓大學，倒是真有一位叫迪克（Robert H. Dicke）的物理系教授，他負責的一個研究小組，包括他的學

生威爾金森（David Wilkinson）等，正在建造一臺 3.2 公分口徑的無線電望遠鏡，雄心勃勃地準備探測微波背景輻射。

　　這個故事正應了那句「有心栽花花不發，無心插柳柳成蔭」的俗話。迪克教授的「花」還未來得及「栽」下去，那邊克勞福德山上的兩位科學家卻被他們的「低噪音」裝置接收到的大量「噪音」所困惑，不知其為何物？不難揣測，當迪克教授聽到這個消息驅車前往僅有一小時車程的克勞福德山，並證實了兩位工程師接收到的「噪音」正是他夢寐以求的微波背景輻射訊號時，心情是何等複雜？雖然免不了遺憾，但更多的應該是驚喜：終於抓到被伽莫夫所預言的「宇宙大霹靂的餘暉」了！

　　實際上，當時的迪克等人已經對伽莫夫的大霹靂理論做了很多深入研究，迪克甚至早於伽莫夫之前，就已經預言過空間中應該存在某種「來自宇宙的輻射」。1960 年代，他又帶領學生重新投入這項研究，阿諾·彭齊亞斯和羅伯特·威爾遜接收到額外的「噪音」後 [34]，迪克坦誠地告訴他們這個工作對宇宙學的重要性，迪克將微波背景輻射解釋為大霹靂的印記，並為此做了不少理論工作，預測其光譜應該是如圖 8-7-2 所示的黑體輻射譜 [35]。

　　微波背景輻射的發現對穩恆態宇宙理論是一個致命的打擊，其代表人物霍伊爾試圖用別的理論來解釋它。比如說，他們認為，微波背景輻射也許是普通星系發出的光被宇宙中的塵埃吸收散射後的結果；但這點很快就被微波背景輻射光譜圖的進一步測量結果否定了。因為結果表明，微波背景輻射具有近乎完美的（2.72548±0.00057K）附近的黑體輻射譜，宇宙中普通塵埃的散射光譜很難滿足這一點。1990 年，遠紅外光譜儀在宇宙背景探測者（COBE）上以高精密度的測量，證明了宇宙微波背景光譜精確符合黑體輻射的規律（圖 8-7-2（c））。在那年的天文會議

上，當 COBE 的結果被展示在與會代表們面前時，1,500 名科學家不約而同地突然爆發出雷鳴般的掌聲，歡慶大霹靂理論的重大勝利，它的「餘暉」果然存在！

黑體輻射是一個熱力學物理術語，聽起來有點玄乎。這裡的「黑體」並不一定要是「黑」色的，它是一個理想化了的物理名詞，指的是只吸收、不反射的理想物體。不反射、不折射但仍然有輻射，那就是黑體輻射。絕對的黑體在現實中是不存在的，但實際上許多常見物體的輻射都可以用相似的黑體輻射譜來描述。我們知道，很多物體都會輻射電磁波：大到太陽，小到燈泡、烤箱、火爐，甚至還包括我們自己的身體在內，人體便是一個不停地向外輻射紅外線的輻射源。

當紐澤西的兩位工程師第一次接收到微波背景輻射時，他們的接收器調頻到一個很窄的頻率（160 GHz），對應的波長在 1.9mm 附近。但是，物體輻射的電磁波不會是一個單一的波長，而是按照不同強度分布在一段波長範圍內，稱之為「譜」。黑體輻射譜的規律就是如圖 8-7-2 所示的曲線，它們具有特定的形狀。為什麼是這種形狀？量子力學的先驅者普朗克回答了這個問題，正是因為普朗克對黑體輻射譜的研究而導致了量子力學的創立。

如圖 8-7-2（a）所示，形狀類似的黑體輻射曲線在「強度—波長」的座標圖中移來移去，它的位置只取決於一個參數：黑體的溫度 T。那是因為黑體輻射是光和物質達到熱平衡時的熱輻射，因而只與溫度有關。黑體輻射峰值的波長隨黑體溫度的降低而增加。反之，如果黑體的溫度升高，其輻射波長便降低，光譜像藍光一端移動。這個現象在日常生活中屢見不鮮，比如放進爐子中的撥火棍，溫度升高時，顏色從黑變紅，再變成橙、黃、藍、白等。

根據大霹靂理論，早期宇宙（幾分鐘時）處於輻射為主的完全熱平衡狀態，光子不斷被物質粒子吸收和發射，從而能夠形成一個符合普朗克黑體輻射規律的頻譜。但是，太早期的宇宙對光子是不透明的，也就是說，那時候的光子只是不斷地湮滅和產生，沒有長程的傳播。直到宇宙膨脹溫度降低到大約 3,000K 時，電子開始繞核旋轉，與原子核覆合而形成穩定不帶電的中性原子結構，大大降低了光子湮滅和產生的機率。光子從而開始在膨脹的宇宙空間中傳播，亦即宇宙對光子而言逐漸成為「透明」。這時宇宙的年齡大約為 38 萬歲，稱之為「最後散射」時期。這是大霹靂之後，得以在宇宙空間中「傳播」的「第一束光」！

這古老的「第一束光」，其頻譜應該符合 3,000K 的黑體輻射，遺憾那時候星系尚未形成，沒有高等生物，沒有儀器探測到它們，也不可能被記錄下來。不過，這些

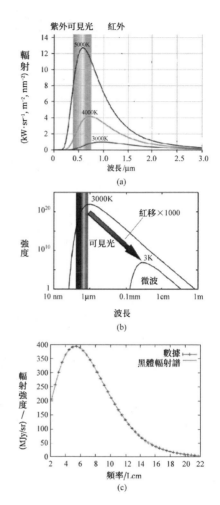

圖 8-7-2 黑體輻射譜

（a）黑體輻射峰值的波長隨黑體溫度降低而增加；（b）3,000K 的 CMB 黑體輻射，波長從可見光紅移到微波；（c）COBE 探測的 CMB，精確符合黑體輻射譜

輻射一直存留在宇宙空間中，見證了宇宙 137 億年膨脹演化的歷程。如今，從 1964 年開始，終於被人類發現並且能夠捕捉到了。

137 億年過去了，「第一束光」的波長因為宇宙膨脹而「紅移」，峰值波長從靠近可見光波長的數值，紅移到了微波的範圍，見圖 8-7-2（b）。因為微波背景輻射所有電磁輻射的波長都發生了宇宙紅移，所以表示黑體輻射規律的譜線形狀並未改變。圖 8-7-2（c）是 COBE 在 1990 年代測量到的 2.725K 的微波背景輻射譜，圖中可以看見實驗測量值與理論值非常準確地符合。

微波背景輻射的黑體輻射譜，是對大霹靂宇宙模型的強而有力支持，否則很難說明這種四面八方到處都存在的電磁波來自何處？只有 2.725K（約為零下 270℃）的微波，卻準確地符合黑體輻射譜線，輻射源到底在哪兒呢？無論你對大霹靂理論信或不信，好像目前只有它能對此給出讓人接受的較為合理的解釋。科學不是政治，不同於黨派之爭，也不是宗教信仰，它是無數科學家共同的心血和結晶。真正的科學家不是只為了維護某一個學說而奮鬥，也不會把打倒某個理論當作目標，他們的目的是實話實說、認識自然、糾正錯誤、探索真理。

8. 隱藏宇宙奧祕的古老之光 ——

　　物理宇宙學的理論基於愛因斯坦的廣義相對論，但真正讓它成為一門精準實驗科學，要歸於現代化的天文實驗手段 —— 探測衛星。其中宇宙背景探測者號功不可沒。這是美國航太局在 1975 年專門為了研究微波背景輻射而開始設計的測試衛星，於 1989 年被送上太空。之後，又相繼有了威爾金森微波各向異性探測器和衛星，第二、第三代測試衛星，其基本目的都是為了更精確地測量 CMB。

　　總結起來，COBE 等測試衛星對現代宇宙學有三大貢獻，上一節中所介紹的對 CMB 黑體輻射譜的測量是其一，本節要介紹的，是它的第二個功勞，有關 CMB 各向同性（異性）的測量。

　　測試衛星的第三個重要功勞是測量到完整的「宇宙紅外背景輻射」。這也是宇宙背景輻射的一種，但輻射波長不是微波，而是在紅外線的範圍內。所謂背景輻射的意思是說它們來自四面八方，沒有確定的發射源。天文學家們認為，紅外背景輻射包含了恆星和星系形成時輻射的遺跡，以及宇宙中塵埃物質的輻射，它們對天文和宇宙學的研究也很重要，但這不是我們此篇要介紹的內容，暫且不表。人類花費血本，製造、發射數個測試衛星，就為了探測這些瀰漫於空中的溫度極低的微波 —— CMB，那是因為這些來自於宇宙之初的古老之光中，隱藏著宇宙演化的奧祕。

　　CMB 是一種電磁輻射，黑體輻射譜線是它的頻率特徵。除了頻譜特徵之外，CMB 輻射還有它的時空特性。換言之，這種輻射是否隨著時

空而變化呢？時間效應便是上一節中介紹過的 137 億年中譜線的宇宙紅移。那麼，CMB 隨空間而變化嗎？

空間性質有兩個方面：同質性和方向性。也就是說，從 CMB 測量到的黑體輻射溫度是否處處相同？是否各向同性？第一個問題沒有太多疑問，COBE 探測的結果主要是回答第二個問題。

圖 8-8-1 中所示的 CMB 圖所描述的便是從不同方向測量時得到的溫度分布圖。圖中用不同的顏色代表不同的溫度。橢圓中的不同點則對應於四面八方不同的觀察角。

當 CMB 第一次被克勞福德山上的巨型天線捕捉到的時候，是同質而各向同性的，各個方向測量到的輻射強度（可換算成溫度）都是一樣的，如圖 8-8-1（a）上方的第一個橢圓，均勻分布的顏色表明在各個方向接收到的 CMB 沒有溫度差異，這也正是當時確定它們是來自於「宇宙」本身而不是來自於某一個具體星系的重要證據，同時也在一定的相似程度上證實了愛因斯坦假設的宇宙學原理。

雖然根據宇宙學原理，宇宙在大尺度下是同質和各向同性的。但是，宇宙更小尺度的結構也應該在更為精密測量的 CMB 橢圓圖上有所反應。果然不出所料，探測衛星在 1992 年和 2003 年探測到的 CMB 圖便逐漸顯現出了細緻的結構，如圖 8-8-1（a）的下面兩個圖（（2）、（3））所示，它們已經不再是顏色完全均勻的橢圓盤了。

首先，我們所在銀河系的特定運動將會反映到 CMB 圖中。比如說，地球、太陽，還有銀河系，都處於不停地旋轉運動中，不同方向觀察到的 CMB 黑體輻射的溫度應該受到這些運動的影響。

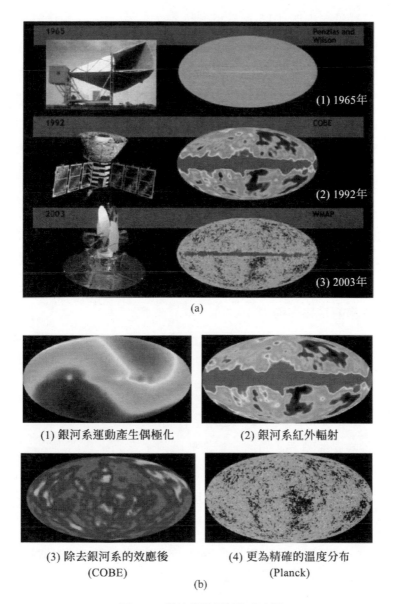

(a)

(1) 銀河系運動產生偶極化　　(2) 銀河系紅外輻射

(3) 除去銀河系的效應後　　　(4) 更為精確的溫度分布
　　　(COBE)　　　　　　　　　　(Planck)

(b)

圖 8-8-1 微波背景輻射的方向性

（a）1965 年、1992 年、2003 年探測到的微波背景輻射；（b）微波背景輻射訊息分析

　　圖 8-8-1（b）中的（1）描述的是因為太陽系繞銀河系旋轉運動產生的都卜勒效應，它使得 CMB 圖印上了偶極化的溫度分布。在圖中 45°線對應的兩個觀察方向上，因為相對運動方向相反，產生了輻射溫度的微小差異。從圖中的紅綠藍 3 種不同顏色可看出這種偶極效應，溫度差別被 3 種顏色上的差異放大了許多。實際上在圖中，CMB 的平均溫度是 2.725K，而用紅色表示的最高溫度，用藍色表示的最低溫度，不過只相差 0.0002K 而已。

　　銀河系還在 CMB 圖上蓋上了另一個印記，那是由於銀河系中星體的紅外輻射的影響而產生的，圖中表示為橢圓中間那條紅色水平帶，見圖 8-8-1（b）中的（2）。銀河系整體呈圓盤狀，太陽系位於圓盤的邊緣，因而紅外線發射看起來像一條寬頻，正如我們仰頭觀看銀河，看見的是一個光點密集的長條一樣。

　　天文學家們利用電腦技術，可以將銀河系的兩種印記從 CMB 圖中除去，這樣便得到了沒有觀察者所在星系標示的真正「宇宙微波背景」圖，見圖 8-8-1（b）中的（3）和（4）。

　　精確測量的 CMB，已經不是完全各向同性的均勻一片了，它們顯示出複雜的各向異性圖案。如何分析這些圖案？它們來自何處？

　　我們已經知道，CMB 是從大霹靂後 38 萬年左右的「最後散射面」發出來的。在那之前，宇宙呈現混沌一片的等離子體狀態，引力和輻射起到主導作用。光子不斷地被物質粒子俘獲，與它們發生快速碰撞，使得光子無法長程傳播，只是不斷地湮滅和產生，從而使得對於後來的「觀測者」來說（包括 137 億年後的人類），38 萬年之前的宇宙是不透明的，看不見的。直到「最後散射面」時代，物質的原子結構開始逐漸形成，質子和電子手牽手結合起來，不再熱衷於俘獲光子，而讓它們自由

傳播，因此才有了我們現在接收到的 CMB，這也就是為什麼我們將它們稱之為「第一束光」的原因。

如圖 8-8-2 所示，對右邊的觀察者而言，圖左的「最後散射面」猶如一堵牆壁，使得我們看不到牆壁後面的宇宙更早期景象。但是，這是一堵發光的牆壁，這些光從處於 3,000K 熱平衡狀態的「牆壁」發射出來，大多數光子的頻率在可見光範圍之內，它們旅行了 137 億年，不但見證了宇宙空間的膨脹，也見證了宇宙中恆星、星系、星系團形成和演化的過程。當它們來到地球被人類探測到的時候，自身也發生了巨大變化：

波長從可見光移動到了微波範圍，因而，人類將它們稱之為「微波背景」。也許有讀者會問：「如果在宇宙誕生後 50 億年左右，有高等生物探測到這些光，性質又如何呢？」不難推測，那時候接收到的這些「第一束光」，也應該符合黑體輻射的規律，但波長就不是在微波範圍了，可能要被稱之為「紅外背景」，不過還必須與星體產生的紅外背景區分開來！（紅外線太多，不知道會不會被熱死？想得到答案需要點計算。）

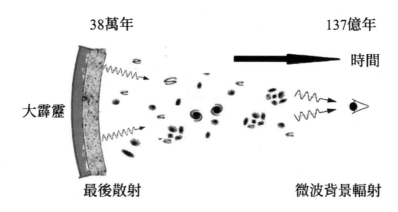

38萬年　　　　　　**137億年**

時間

大霹靂

最後散射　　　　**微波背景輻射**

圖 8-8-2 CMB 攜帶著最後散射的訊息以及 137 億年宇宙演化的訊息

從圖 8-8-2 以及上文的描述，不難看出 CMB 巨大的潛力。這些光波不簡單！它們就像是來自家鄉的信使，能帶給你來自母親的思念，還能告訴你沿途的風景。CMB 波也是這樣，它們經過了漫長的歷史旅程，從兩個方面攜帶著宇宙的祕密：一是最後散射面上的訊息，二是宇宙中天體形成的過程。這些訊息印記在 CMB 中，使得它們不應該是完全均勻各向同性的圖案。

首先解釋第一個訊息來源：最後散射面。剛才不是說，最後散射面是一個熱平衡狀態的「牆壁」嗎？這似乎意味著散射面上每一點都是一樣的，是一個光滑的牆壁，因而沒有什麼有用的訊息。但這種說法顯然不是物理事實，熱平衡是一種動態平衡的量子狀態，必然包含著物質密度的量子漲落。從宇宙後來因為引力作用演化而形成星系結構這點也可以說明，最後散射面上一定包含著我們現在看見的宇宙的這種「群聚」結構的「種子」，否則怎麼會演化成今天這種形態而不是別的形態呢？此外，即使是被不透明「牆壁」擋住了的「早期宇宙」，是否也有可能在牆壁上印上一點淡淡的「蛛絲馬跡」？問題是這種「胚胎」帶來的「種子」訊息，會在 CMB 圖上造成多大的差別？理論家往往總是先於實驗觀測而給出答案。早在 1946 年，蘇聯物理學家利夫希茨（Evgeny Lifshitz）曾經計算過這種溫度的各向異性，他認為表現在 CMB 圖案上應該造成 10^{-3} 左右的起伏。

第二個訊息來源則是因為 CMB 「途經」了宇宙後來的演化過程，如圖 8-8-2 中從左到右，宇宙 137 億年中經歷的物理過程：原子形成，類星體，再電離，恆星、星系、星系團形成等，都應該在 CMB 上有所反應。打個比喻說，當人們觀測發光的牆壁時，也應該觀察到牆壁和觀測者之間的飛蟲、蝴蝶之類的動物投射的陰影。

　　以上兩個原因都會造成 CMB 圖的各向異性。物理學家們最感興趣的「最後散射面」上的種子訊息，它們將使我們觀測到宇宙的「嬰兒」時期，提供宇宙早期的訊息。然而，從 1965 年 CMB 被發現，直到 1990 年代初，25 年的天文觀測從未看到過 CMB 結果中顯示各向異性的圖案。即使科學家們認為微波測量的精度已經達到 10^{-4}，CMB 的影像仍然是均勻一片，理論家們預言的天體「群聚結構的種子」遲遲不肯露面。

　　物理宇宙學家們坐不住了，他們未曾證實的預言逐漸變成了其他科學家挖苦嘲笑的對象。還好，沒過多久，先進的科技便幫了他們的大忙：COBE 傳回了好訊息！1992 年，主要負責這項研究的美國物理學家、柏克萊加利福尼亞大學教授喬治·斯穆特（George Smoot）在分析了 COBE 發回來的三年 CMB 數據之後宣布，他們最後繪製的全天宇宙微波背景輻射的分布圖，顯示出了 CMB 輻射中只有十萬分之一的各向異性起伏（見圖 8-8-1（b）中的（3）），斯穆特將這個橢圓圖形戲稱為「宇宙蛋」[36]。

　　COBE 的結果令物理界振奮，斯穆特團隊的發現立即上了頭條新聞，被霍金譽為「本世紀最重要的發現」。人們形容看到「宇宙蛋」的橢圓圖，就像看到了「上帝的手」（筆者更喜歡將其比喻為看到了「上帝臉上的皺紋」）。後來，斯穆特和美國航太局太空中心的高級天體物理學家約翰·馬瑟（John Mather），共同分享了 2006 年的諾貝爾物理學獎。

　　又是 20 多年過去了，第三代的普朗克（Planck）測試衛星對 CMB 更為精準的測量進一步證實了宇宙大霹靂的標準模型，以及與早期宇宙有關的「暴脹理論」。物理宇宙學度過了 20 年的黃金時期，同時也面臨著前所未有的嚴峻挑戰。

第九章

大霹靂的謎團和疑難

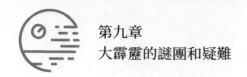

1. 對大霹靂的誤解 ——

　　近幾十年來，宇宙學逐漸成為了一門真正的科學，宇宙的演化過程逐漸被人們了解。但在眾人的理解中，即使是物理學、宇宙學方面的專業人士，卻都難免存在許多的「誤解」。

　　（1）大霹靂標準模型不是「無中生有」這點前面已經述及，這裡再次強調。從廣義相對論和哈伯定律，可知宇宙空間在不停地膨脹、星體之間漸漸互相遠離的事實，不可避免地會得到宇宙早期高度密集的結論。以宇宙目前膨脹的規律回溯，星體間必然曾經靠得很近。並且離「現在」越久遠，宇宙中星球的密度就會越大，同樣多的「星體」占據的空間就會越小。再往前，星體便不是星體，而是因為短距離下強大的引力而「塌縮」在一起的混沌一團的等離子體。再往前推，物質的形態表現為各種基本粒子組成的「混沌湯」：電子、正電子、無質量和電荷的微中子和光子。推導到最後，我們的「宇宙最早期」圖景，便是一個密度極大且溫度極高的太初狀態，也就是說，我們現在的宇宙是由這種「太初狀態」演化而來。稱之為「大霹靂」。

　　僅僅從廣義相對論這個「經典引力理論」而言，如上所述的「時間倒推」可以一直推至 $t = 0$ 時刻，它對應於數學上的時間奇異點。但是實際上，當空間小到一定程度，也就是說時間「早」到一定的時刻，就必須考慮量子效應。遺憾的是，廣義相對論與量子理論並不相容，迄今為止物理學家們也沒有得到一個令人滿意的量子引力理論。因此，我們將大霹靂模型開始的時間定在普朗克時間（10^{-43}s），或者更後一些，比如

說引力與其他三種作用分離之後（10^{-35}s）。這是物理學家們能夠自信地應用現有理論的最早時間，任何理論都有其極限，我們的理論目前只能到此為止，至於更早期的量子引力階段，尚需研究，但現在的標準理論尚未能給出滿意的答案。如果再進一步，有人要問：「當時間 $t<0$，大霹靂之前是什麼」或者「什麼原因引起了大霹靂」之類的問題，那就暫時無法回答了。

所以，目前來看，標準的大霹靂模型並不是一個無中生有的「創世理論」，而只是一個被觀測證實、得到主流認可的宇宙演化模型。宇宙的所有物質原本（從普朗克時間開始）就存在，「大霹靂理論」只不過描述宇宙如何從太初的高溫、高壓、高密度的「一團混沌」演化到了今日所見的模樣。

宇宙的「演化」過程非常不均勻。溫伯格曾經用一本書的篇幅，來描寫宇宙早期（開始 3min）的進化過程[37]，而直到「大霹靂」發生 4 億至 10 億年之後，才逐漸形成了星系（圖 9-1-1）。

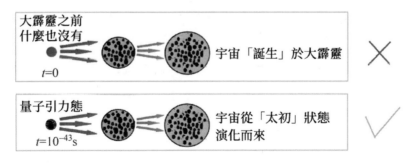

圖 9-1-1 宇宙不是從大霹靂「無中生有」而「誕生」出來的

（2）宇宙「爆炸」不同於炸彈的「爆炸」

「大霹靂」不是一個準確的名字，容易讓人產生誤解，會將宇宙演化的初始時刻理解為通常意義上如同炸彈一樣的「爆炸」：火光沖天、碎片

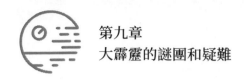
亂飛。實際上，炸彈爆炸是物質向空間的擴張，而宇宙爆炸是空間本身的擴張。有趣的是，據說科學家們曾經想要改正這個名字，但終究也沒有找到更恰當的名稱（圖 9-1-2）。

炸彈爆炸發生在三維空間中的某個系統所在的區域，通常是因為系統內外的巨大壓力差而發生。發生時，系統的能量藉助於氣體的急遽膨脹而轉化為機械功，通常同時伴隨有放熱、發光和聲響效應，影響到周圍空間。

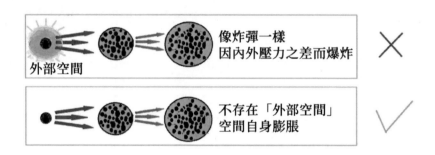

圖 9-1-2 宇宙「大霹靂」不同於炸彈爆炸

對宇宙大霹靂而言，根本不存在所謂的外部空間，只有三維空間「自身」隨時間的「平穩」擴張。有人將宇宙大霹靂比喻為「始於烈焰」、「開始於一場大火」，此類說法欠妥。

（3）空間擴張但星系不擴張

什麼是「空間本身的擴張」？

之前曾經介紹過，我們三維空間可能的幾何形態有 3 種：球面、平坦、馬鞍型，根據宇宙總質量密度與臨界質量密度的比值 Ω 而定，即取決於 Ω 是大於、等於或小於 1。如果認為宇宙是平坦而無限（如同 1998 年之後的觀察結果所支持的：$\Omega = 1.0010 \pm 0.0065$），二維「空間擴張」可以比喻成一個可以無限伸長、延展的平面橡皮薄膜。橡皮膜延展時，

上面的所有花紋也將逐漸擴張。宇宙空間擴張的情況則有所不同，如圖9-1-3 所示，空間膨脹時，星系的尺寸並不變大。這是因為「引起宇宙膨脹」和「維持星系形狀」是兩種不同的作用機制。星系的形狀是靠一般的萬有引力（吸引力）來維持。宇宙膨脹的機制尚未完全明確，一種說法是用愛因斯坦引進的宇宙常數來解釋，這是一種互相排斥的「反引力」效應，由負壓產生（也就是所謂的暗能量），只在宇觀尺度範圍發揮作用。所以，大尺度範圍的反引力使得宇宙膨脹，而部分起到主導作用的引力（吸引力）則維持星體聚集在一起，從而形成了圖 9-1-3（b）所示的空間膨脹圖景。

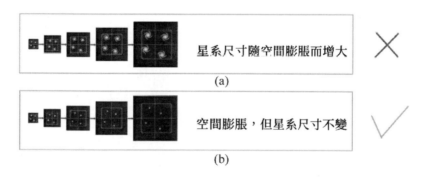

(a)

星系尺寸隨空間膨脹而增大 ✗

(b)

空間膨脹，但星系尺寸不變 ✓

圖 9-1-3 對空間膨脹的理解

如上所述，宇宙膨脹，但星系並不膨脹。星系不膨脹，其中的星體、恆星、行星，我們的太陽、地球、月亮，都不膨脹。也就是說，只有「大尺度」（星系間的距離尺度）的空間才有可觀測的膨脹效應，原子中原子核和電子間的距離卻是保持不變的，其原因是在原子中發揮作用、維持平衡的主要是電磁力，相較之下，引力作用可忽略不計。引力只在大尺度範圍發揮作用，使得大尺度的、星系之間的空間膨脹，卻並沒有改變更小級別的空間尺度。因而，我們日常所見的一切：樹木、高

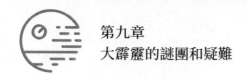
山、房屋、桌椅以及度量用的「尺」，都保持不變，與宇宙的膨脹無關。

當然，剛才所說的「星系不延伸」，指的是「星系」還存在的前提下，強調的是現在（或將來）的觀測結果，並不適用於將宇宙歷史向大霹靂的原點倒推過去的情況。

（4）可觀測宇宙和「大宇宙」自從望遠鏡發明以來，過去幾個世紀的天文觀測數據不斷地調整人類在宇宙中的地位。這是對我們自信心一次又一次的嚴重打擊，將我們從自認為是宇宙中心的位置上一步一步地往下拉！最後，人類不得不承認我們腳下的這片看起來廣袤無垠的土地，只不過是茫茫宇宙中毫不起眼的一粒塵埃！而與整個宇宙比較起來，人類賴以生存的太陽系顯得如此渺小。即使是整個銀河系，也讓我們大失所望，它在宇宙中不過是數十億星系中的普通一個，毫無特殊性可言。

根據宇宙學原理，宇宙是同質和各向同性的，因此整個宇宙沒有中心。但是，很多時候我們所謂的「宇宙」，指的是對地球（銀河系）而言的可觀測宇宙。可觀測宇宙有中心，只是整個「大宇宙」的一部分，觀測點則是「可觀測宇宙」的中心。

大宇宙有可能是無限的，可觀測宇宙則總是有限的。如果大宇宙是有限的話，理論上而言，它可以小於可觀測宇宙；但根據迄今為止的天文觀察數據，我們的宇宙接近「平坦」。而大宇宙無論有限無限，都應該是大大地大於可觀測宇宙。

（5）宇宙大霹靂發生在空間每一點

該如何理解「大霹靂發生在空間每一點」？

大宇宙只有一個，但對每一個觀測點都可以定義一個可觀測宇宙。比如說對銀河系而言，目前可觀測宇宙的大小是一個以銀河系為中心，半徑為 465 億光年的球，如圖 9-1-4 所示。

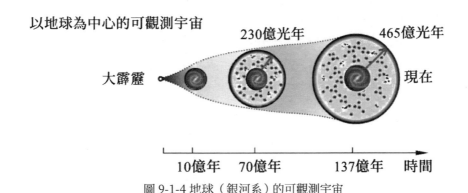

以地球為中心的可觀測宇宙

大霹靂　　　　　　230億光年　　　　465億光年

現在

10億年　70億年　　137億年　時間

圖 9-1-4 地球（銀河系）的可觀測宇宙

　　從大霹靂開始，宇宙在不停地膨脹。因此，離大霹靂的原點越近，可觀測宇宙的範圍越小。地球年齡不過45億年左右，銀河系的年齡則超過100億年，因而圖9-1-4可以表示以銀河系為中心的可觀測宇宙。早到宇宙年齡為10億年左右，星系剛形成，從銀河系大概只能觀察到自己的星系。不妨假設銀河系中心所在位置為 O_0，在接近大霹靂的時刻，可觀測宇宙將縮小到小鋼珠乃至一個原子的大小，假設那時仍然以點 O_0 為中心。因此，對銀河參照系而言，最開始的大霹靂發生於其中心點 O_0。但是，銀河系只是真實宇宙中一個普通的星系，對其他星系而言，存在另外的以其他點 O_1、O_2、O_3……為中心的可觀測宇宙。對這些星系，大霹靂分別發生於點 O_1、O_2、O_3……也就是說，大霹靂發生於初始空間的每一個點，如圖9-1-5所示。

　　如果真實宇宙是平坦而無限的，初始空間也基本上是平坦而無限的，大霹靂發生在這個無限空間的每一個點。從大霹靂開始，本來就無限的宇宙，經歷了暴脹、延展、冷卻、太初核合成、各種粒子不斷地產生、湮滅……過程，最後演化成為我們現在所見的星系世界。

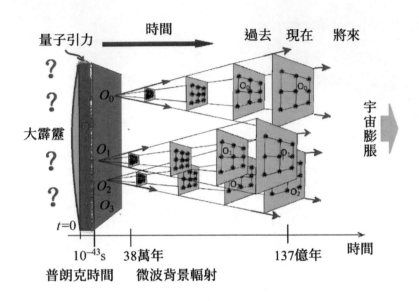

圖 9-1-5 大霹靂發生在空間的每一點

　　有讀者問：宇宙大霹靂，是什麼大霹靂了？答案是時空大霹靂。時間從普朗克時間（5.39121×10^{-44}s）開始，空間從普朗克長度（1.616252×10^{-35}m）開始演化，有關普朗克尺度，請參考第八章第4節。

　　大霹靂之前的宇宙何在？這個問題也同樣困惑著宇宙學專家。但答案沒人知道。

　　解釋大霹靂模型的圖中經常將「大霹靂」畫成（想像成）平坦無限的歐氏空間中的一個點，其實那不是一個點，那是時空開始時（爆炸）的整個世界。

2. 視界疑難

　　愛因斯坦建立廣義相對論已經有 100 多年了，以其為基礎在宇宙學中提出的大霹靂理論也已經被物理學家們廣泛接受。不過，在 1980 年代之前，大霹靂理論碰到了幾個難以解決的問題，「視界疑難」問題是其中之一。

　　「視界」一詞的通俗對應物是「地平線」。不過，在天文、物理等領域中的不同場合下，經常用到這個詞彙，需要小心加以區分。比如說，在黑洞物理中經常說到的「事件視界」是根據愛因斯坦場方程式在特定條件下的史瓦西半徑來定義的。

　　每個人都知道「地平線」是什麼意思。當你坐船航行在大海上，放眼望去，視野中是一望無際的海洋，一直延伸到很遠很遠的地方。那裡有一條線，是天和水的交接之處。四面八方的線連在一起則形成一個圓圈。早上的太陽從圓圈的東方某處升起，黃昏時分的落日掉向圓圈的另一邊。這個標示天地相接處的圓周，就是地平線。

　　地球上的觀察者看到的地平線，與觀察點離地面的高度 h 以及地球的半徑 R 有關，見圖 9-2-1（a）。簡言之，地平線就是「可觀測區域」與「不可觀測區域」的分界線。圖中的圓周將地球表面分成了兩個部分，觀察者可以看得到圓周以上的地球表面，但看不到圓周以下的地球表面。

　　圖 9-2-1（a）中的圓圈也被稱為「真地平線」，是由地球的球面形狀決定的。實際使用中還可以有一些別的「地平線」的定義。比如說，你站在被樹木環繞的森林中，視線被擋住了，無法看見真正的地平線，但

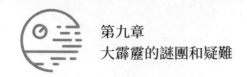
可以用「可見地平線」來代替。此外，在區域性的天文觀測中，還經常用到「天文地平線」的概念。

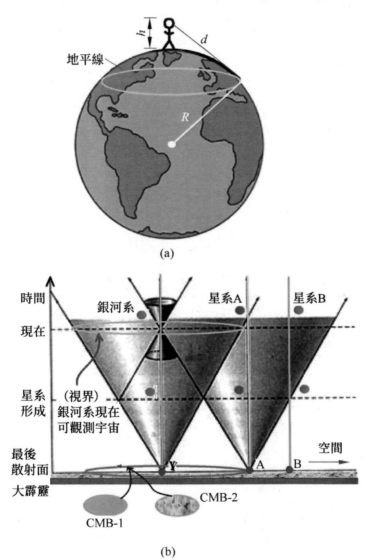

(a)

(b)

圖 9-2-1 不同的「視界」

（a）地球上觀察者的視界；（b）宇宙學中的視界

在宇宙學中也有地平線（視界），用以區分「可觀測宇宙」和大宇宙。也類似於地面上地平線的不同定義，宇宙學中有「粒子視界」、「事件視界」、「哈伯視界」、「未來視界」等不同的說法，我們在此不詳細給出各種定義，本文所言「視界」，大多數情況下指的是光學意義上與「可見宇宙」相連繫的「粒子視界」。所謂「光學意義上」，即僅以「光」作為觀測手段，而不考慮其他諸如重力波或微中子探測的可能性。

地球上的觀察者看不到真實地平線之下，是因為地面的彎曲所致。宇宙學中的觀測範圍被「視界」所限制，則有兩個原因：一是宇宙的時間有起始點，二是光傳播需要時間。有了這兩條，即使宇宙不膨脹，也存在「可見」和「不可見」的分界線。

根據大霹靂理論，宇宙演化始於 137 億年之前，但因為最後散射面之前的宇宙是「不透明」，即不可見的，因此利用光學手段，我們頂多只能看見宇宙誕生 38 萬年之後的景象。在圖 9-2-1（b）中，垂直向上的方向表示從大霹靂開始時間的流逝。橫軸代表空間（只能用二維表示）。此外，根據狹義相對論，光以有限的速度傳播。對於現在銀河系的觀察者而言，某些星系發出的光，還來不及到達我們的觀測範圍。比如說，考慮圖 9-2-1（b）中所畫的 3 個星系：銀河系、星系 A、星系 B，它們的世界線在圖中分別被表示為藍、黃、綠三條垂直的直線。圖中還畫出了與銀河系及星系 A 在最後散射面上位置（Y 和 A）點相對應的「光錐」。比如說，對星系 A 而言，只有光錐以內的觀察者，才有可能探測到 A 點發出的光。從圖中可見，銀河系的觀察者，正巧位於 A 點光錐的邊界上，因此剛好能夠收到 A 點發出的 CMB。比 A 點更遠的，比如說 B 點發出的光，就來不及到達我們的接收器了。換言之，銀河系現在的觀察者，只能接收到圖中所畫的以銀河系為圓心，銀河系到星系 A 距離為半

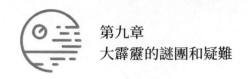
徑的圓圈以內的星系訊息。因而，這個圓（圖上方的橢圓）便是現在的銀河系觀察者的「視界」。視界內的星系屬於「可觀測宇宙」，視界之外的星系（B），則不可見。雖然視界中包括的是現在的星系，但是實際上，「現在」接收到的 CMB 訊息卻是從 137 億年之前的最後散射面發出的。也就是說，圖示中的兩個 CMB 結果（CMB-1 和 CMB-2），是來自於圖中所畫的下面一個圓圈，更準確地說，是來自於三維空間中的一個球面（最後散射面），也就是年齡為 38 萬歲時候的宇宙。

微波背景輻射的結果 CMB-1 和 CMB-2，分別是觀測精確度較低時接收到的各向同性 CMB 和精確度提高後接收到的各向異性 CMB 圖。各向異性圖中的溫度也只有 10^{-5} 的相對差異。因此，CMB 的結果基本上（在 10^{-4} 的精確度下）是各向同性的，其原因被解釋為：「最後散射面」對應的「嬰兒宇宙」是一個 3,000K 左右的等離子體熱平衡狀態。

如何才能達到熱平衡呢？需要系統中的粒子互相碰撞而交換訊息來達到能量平衡。也就是說，系統中不同的部分達到熱平衡需要一定的時間。交換訊息最快的方式是「光」，所以，熱平衡的過程中也存在一個「視界」的問題，達到熱平衡的各個部分至少要互相處於對方的「視界」以內。如果彼此無法「看見」，連最快的「光」都傳不過去的話，又如何互相交換能量呢？這點在我們通常實驗室中所見的熱平衡系統中不是問題，但在我們討論的早期宇宙演化過程中就不一定了，必須加以仔細考察。以下的圖文便是說明原來的標準大霹靂理論中的確存在上面描述的「視界問題」。

圖 9-2-1（b）中所畫的光錐，是 45°直線（錐面），因為沒有考慮宇宙的膨脹。如果考慮宇宙的空間大小會隨著時間而變化的話，光線傳播的路徑不再是 45°直線，而是由圖 9-2-2（a）中的紅線所描述的「液滴」

形狀。圖 9-2-2（a）中使用的是宇宙物理空間的真實座標。按照圖中的假設，在最後散射面上互相距離為 1 格（大約 38 億光年？）的 Y、A、B、C、D、E 等星系，演化到現在時，兩兩之間的間隔變成了 115 億光年。星系 B 位於銀河系「現在視界」的邊緣處，對應於可觀測宇宙的半徑大約為 460 億光年。

如果像圖 9-2-2（b）和（c）中那樣使用「共動座標」的話，可以使影像看起來簡單一些。共動座標中星系的世界線可以表示為向上的垂直線，因為儘管宇宙在膨脹，但星系之間的共動座標距離並不改變。真實距離則等於座標距離乘以宇宙的膨脹因子 a（t）。共動座標中的光錐也仍然是 45° 的直線。從圖 9-2-2（c）可以看出，觀察者的「視界」是隨著時間改變的。因為宇宙有「起點」是形成視界的原因，使得人們的眼光頂多只能看到起始的那個時刻。那麼，離起始點越遠，便應該能看到越多的星系。比如說，圖 9-2-2（c）中離得最遠的星系 D（在 Y 的現在視界之外）最早期發出的光線，現在也還沒來得及到達銀河系。但是，再過若干年之後，將來的某個時刻，這束光線將會被銀河系觀察者接收到。因此，時間越往後，視界越來越大，會有越來越多的星系被看到。

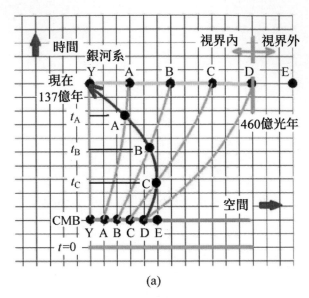

(a)

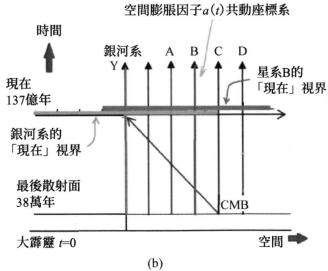

(b)

圖 9-2-2 視界問題

（a）以銀河系為中心的真實座標系；（b）Y 和 B 在互相的「現在」視界內；（c）但當宇宙 38 萬歲時，Y 和 B 不在相互視界內，因為視界範圍隨時間減小而減小

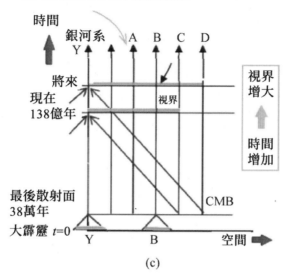

圖 9-2-2 （續）

如此一來，也可以反過來想：時間越靠近初始點，視界便會越來越小。視界太小的結果便會導致宇宙的部分之間失去關聯。比如說，圖 9-2-2（b）中的銀河系 Y 和星系 B，它們互相位於對方的「現在視界」之內，也就是說，銀河系現在的觀察者可以接收到星系 B 過去發出的訊息，星系 B 現在的觀察者也可以接收到銀河系過去發出的訊息。但是，當我們追溯到宇宙 38 萬歲時期的視界，就會發現，銀河系 Y 及星系 B 相對應位置的視界是互相分離的，見圖 9-2-2（c）中下方的兩個小三角形。當然，那時候的宇宙只是一片混沌，星系尚未形成，更談不上觀察者互相「看得見、看不見」的問題，但是因為宇宙的 Y 部分與 B 部分互相不在彼此的視界以內，其中的物質粒子或輻射也就無法互相交換能量，達到熱平衡的說法便有了問題。沒有熱平衡，便難以解釋 CMB 影像為何是如此高精確度（10^{-4}）的各向同性。換言之，銀河系的「現在」觀

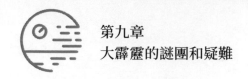
察者，能夠同時接收到兩個小三角形處發射的 CMB。兩個 CMB 代表的溫度幾乎完全一致，差別在 10^{-4} 以內，說明「當年」這兩個地點曾經是熱平衡的，但從它們「最後散射面視界」互相遠離的事實，熱平衡又似乎不可能，由此便造成了「視界疑難」矛盾。

3. 平坦性疑難 ——

　　微波背景輻射是一個埋藏「宇宙之謎」的寶藏。挖掘不止，寶貝也層出不窮。如上節所介紹的，CMB 的圖景太均勻了，向物理學家們提出了一個「視界疑難」。後來，在探測衛星的幫助下，人們終於發現了不均勻的圖案，而應該如何來解釋這個不均勻性？又有了無數的問題擺在物理學家們面前。這些圖案是隨機分布的嗎？應該不是。那麼，從這個各向異性、表面看起來遍布星星點點的「宇宙蛋」，能得到哪些宇宙演化的奧祕呢？

　　既然不均勻的「宇宙蛋」影像，是從宇宙 38 萬歲時候的等離子體狀態「嬰兒宇宙」發出來的，這些「蛋上的斑斑點點」很可能反映了那碗等離子體「湯」的密度不均勻性。

　　密度不均勻意味著宇宙早期的等離子體中有振動模式存在，振動使得密度不均勻。可以用液體中的波動來比喻：如果往平靜的水面上丟下一塊石頭，就會激起水中的漣漪，如圖 9-3-1（a）所示，漣漪帶動水分子振動，一圈圈地向四周擴散。極早期宇宙中引力效應的量子漲落，也可能像水中的漣漪一樣，以聲波的形式在等離子體中傳播。

　　研究波動最好的數學方法是傅立葉展開，如圖 9-3-1（b）所示，便是水波在傅立葉變換後的能量譜。能譜中的不同峰值分別對應於水漣漪中的基波和諧波。

　　不妨將各向異性「宇宙蛋」圖案（圖 9-3-2（a）），看作是等離子體最後散射面上被聲波激起的漣漪。如此一來，也能仿照水中漣漪的情

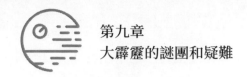

形，對此圖案進行傅立葉變換。二維空間中直角座標下的傅立葉變換是
將影像在水平和垂直兩個方向上展開成若干正弦（餘弦）函數的疊加。
CMB 的圖看似二維平面影像，但實際上它是由一個球面圖投影而成，與
從立體地球製成平面地圖的過程相仿。實際上，CMB 的結果本來就是來
自於對宇宙空間之「天球」四面八方的觀測，最後散射面則是能夠觀測
到的宇宙最外層的球殼。

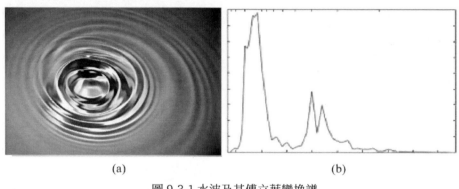

(a)   (b)

圖 9-3-1 水波及其傅立葉變換譜
（a）水中的漣漪；（b）傅立葉變換後的能量譜

　　因此，最方便的 CMB 影像分析法是使用球座標中的球諧函數展開。
物理學家們在得到了如此展開的角功率譜之後驚奇地發現，對角功率譜
曲線的精確測量和分析，開啟了早期宇宙研究的大門[38]。特別是，從角
功率譜曲線的第一峰值的位置，可以驗證宇宙的整體平坦性，如圖 9-3-2
（b）曲線所示。其他第二、第三諧波的峰值，也對重子物質和暗物質的
成分比值計算，起到決定性的作用[39]。

　　說到宇宙時空的平坦性，有區域性和整體兩層意思。根據廣義相對
論的結論，物質的存在使得時空發生彎曲。因此，在質量巨大的天體附
近，光線不走直線，宇宙的區域性時空肯定不是平坦的。不過，宇宙學

中感興趣的是更大尺度範圍內的另一種「整體平坦性」。傅利曼度規將宇宙描述為按照時間因子 $a(t)$ 變化的一系列「三維空間」，這個空間的「形狀」簡單地由曲率因子 k 所描述，k 可以取值（-1，0，1），分別對應於 3 種不同的幾何：馬鞍面幾何、平面幾何、球面幾何，其幾何特徵可以用一個特點作為典型代表：三角形的內角和分別小於、等於、大於 $180°$。

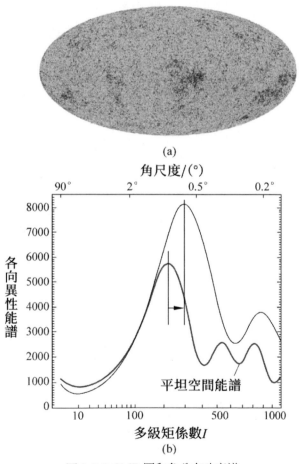

圖 9-3-2 CMB 圖和角分布功率譜

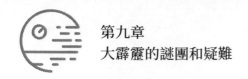
　　宇宙尺度的彎曲性仍然遵循廣義相對論，由宇宙中物質的平均密度所決定。曲率因子 k 與空間的物質總密度 ρ 有關，或者說，與密度 ρ 和臨界密度 ρ_c 的比值 Ω（$=\rho/\rho_c$）有關。當宇宙空間中充滿了太多的物質（$\Omega>1$），即總物質密度 ρ 大於臨界密度 ρ_c 時，宇宙的幾何性質是球面幾何；如果宇宙空間中物質總量太少，使得其密度小於臨界密度的話，宇宙表現馬鞍面幾何；如果物質密度剛好等於臨界密度，則為平面幾何。

　　宇宙空間的整體幾何形狀也與宇宙是有限還是無限相連繫。$\Omega>1$ 的球面幾何對應於一個有限而無界的宇宙，$\Omega<1$ 的馬鞍面幾何對應於一個開放而無限的宇宙。如果 $\Omega=1$，則為介於前兩者之間的平直宇宙，但這個平直宇宙是有限還是無限卻不一定。從嵌入三維空間的二維曲面的幾何形狀可知，曲率為零的二維平面是無限大的。然而，我們可以將一張平直的紙捲成圓柱面，柱面仍然是一個歐氏空間，二維中的一維成為大小有限的圓，另外一維仍然是無限大。有人想，如果把另外一維也捲成一個圓圈，做成甜甜圈的形狀，不就變成有限的了嗎？但甜甜圈表面的整體尺寸的確是有限的，但卻不是一個平直的歐氏空間了。

　　剛才所說的是嵌入三維空間中的二維甜甜圈表面。將這點應用於宇宙學中有點不同，宇宙空間是三維的，平直的三維宇宙可以類似地捲成一個三維的甜甜圈表面並嵌入到四維空間中，但我們無法直觀想像那種圖形。不過，根據數學家們的分析結果，這種「三維甜甜圈表面」是平直的。所以，平直宇宙可以具有兩種拓撲形狀：一種是開放無限的，另一種是封閉有限的，即四維空間中的三維甜甜圈表面。

　　現在，我們再回到 CMB 的角功率譜。用球諧函數展開也就是用球多極矩係數 l 展開，$l=0$，1，2，3，4……分別對應於單極矩、偶極矩、三極矩、四極矩等。係數 l 的數值越大，對應於 CMB 圖上越精細的結

構。也可以換個說法：係數 l 的數值越大，對應於 CMB 圖上越小的觀察角距離。比如說，$l = 1$ 對應於 $180°$，$l = 210$ 對應於 $1°$左右。CMB 圖上結構的尺寸是來源最後散射面上（等離子體中）的聲波傳播距離，而實際觀察到的「角距離」數值大小，就與空間的彎曲情況有關了，這點可以從圖 9-3-3 中描述的 3 種情形來說明。

圖 9-3-3 中，等離子體中基波的傳播距離為 $λ$，如果宇宙空間是平坦的，從 CMB 觀測得到的距離也是 $λ$；如果宇宙空間是球面的，從 CMB 觀測得到的距離將大於 $λ$；反之對馬鞍面形宇宙，觀測結果則小於 $λ$。因此，從基波波峰在角功率譜上的位置，便可以測量宇宙的平坦性。可以根據等離子體物理及大霹靂模型進行一點粗略的理論計算 [40]，得到基波的波峰大概應該在角距離等於 $1°$，多極矩係數 $l = 200$ 附近，如圖 9-3-2（b）中實線所示。因此，從實際接收到的 CMB 數據畫出來的功率譜的波峰位置與理論（實線）位置的差距，便可以計算出宇宙空間的平直性。

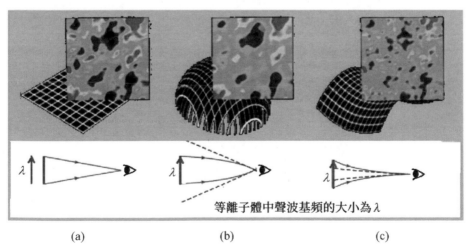

圖 9-3-3 觀測到的角距離與空間彎曲性有關

（a）在平坦空間看到實際尺寸；（b）在正曲率空間影像大於實際尺寸；（c）在負曲率空間影像小於實際尺寸

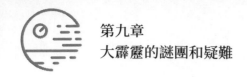

　　根據普朗克衛星 2015 年的結果，與其他超新星測量等數據結合在一起，可給出與空間曲率相關的 Ω_K，其最大值是 $\Omega_K = 0.000 \pm 0.005$[41]。這個曲率值表明宇宙空間是非常平坦的，從而進一步算出相應的總密度 ρ 和臨界密度 ρ_c 的比值 Ω 非常接近 1，與 1 之差也為 0.5% 左右。

　　沒想到現在的宇宙空間太平坦也構成了一個「疑難問題」。其原因是因為根據大霹靂模型，Ω 和 1 的差值是隨著宇宙年齡的增加而指數增加的，見圖 9-3-4。也就是說，空間的不平坦性會被時間很快地「放大」，這就類似現實生活中經常見到的不穩定平衡現象。長時間的平衡要求非常強的初始條件，宇宙已經演化了 137 億年，如果現在宇宙空間的 Ω_0 與 1 的相差為 0.5% 的話，推算到最早的散射面時代，其不平坦性，即 Ω 和 1 的差值應該只有 10^{-60}。為何有如此高精確度的平坦性？需要某種物理解釋，這就是「平坦性疑難」。

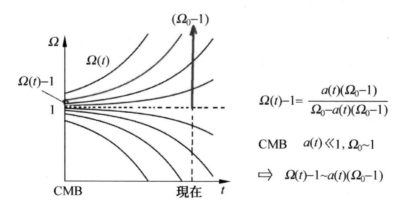

圖 9-3-4 平坦性疑難

4. 磁單極子疑難 ———

　　磁單極子疑難其實並不應該屬於大霹靂宇宙模型的問題，因為從來沒有人觀測到磁單極子，但為什麼要求大霹靂學說來解釋其原因呢？聽起來有失公平，也對大霹靂理論寄予了太高的期望。不過人們說，誰叫你要宣布自己是有關「宇宙起源」的學說呢？既然如此宣稱，你這個模型就應該能解釋萬事萬物。

　　人類最早從天空中的雷鳴閃電認識了電現象，對磁鐵的認識則稍晚一些，但也已經是七、八百年之前的事情了。早在 1269 年，一位法國科學家發現在天然磁石附近，鐵粉會作有規則的排列，形成所謂磁力線。這些假想的「磁力線」集中會聚於磁石的兩端。人們將此兩點與地球的子午線在兩個地理極點交會作類比，稱之為「北極」和「南極」。之後，物理學家進一步發現，磁石的南北極總是同時存在的，你無法將它們分開。當你將一個天然磁鐵「切」開而試圖將其分成兩部分時，你會得到兩塊磁鐵，它們分別具有南極和北極。也就是說，你總共會得到 4 個磁極，卻無法得到一個單獨的磁極（南極或北極），即磁單極子。

　　在電磁現象的日常經驗中，磁荷只以偶極子的形態出現。電也有偶極子效應，比如說，如果將正電荷堆積在絕緣棒的一端，負電荷堆積在另一端，可以形成與磁鐵類似的磁力線，如圖 9-4-1 所示。但是，電偶極子可以分開成正和負兩部分，而磁偶極子不行。

　　後來，科學家奧斯特（Hans Ørsted）發現了磁現象和電現象之間的連繫。法拉第對電和磁做了大量的實驗研究工作之後，經由馬克士威天

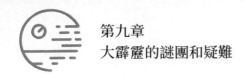

才地用數學公式加以總結歸納，建立起了經典電磁理論的宏偉大廈。然而，馬克士威的數學能力雖好，卻沒有將他的方程式寫成電和磁完全對稱的形式，因為那不符合物質結構的本來面目，這也是物理理論和純數學的區別。不妨試想一下，如果沒有那些基於實驗事實的安培定律、高斯定律等定律，僅僅讓馬克士威單純從某些對稱原理以及基本物理原理出發來建構電磁理論，就像愛因斯坦建立相對論那樣，他應該可以在引進電荷的同時也引進磁荷從而將他的方程組建造成完美無缺的對稱形式。當然，相對論也是物理理論，仍然必須經受實驗及天文觀測的檢驗。愛因斯坦比較幸運，迄今為止廣義相對論仍然被物理主流界接受和承認，也許可以將愛因斯坦的幸運解釋成上帝的確是按照數學美的方式來設計世界的。

(a)　　　　　　　　　　　　(b)

圖 9-4-1 電偶極子可以分開，磁偶極子不能
（a）電偶極子；（b）磁偶極子

無論如何，我們物質世界的結構在電和磁方面本質上就是不對稱的。19 世紀末，約瑟夫·湯姆森（Joseph Thomson）發現電子；20 世紀初，物理學家們建造了物質結構的分子原子模型。電荷的存在毋庸置疑，磁單極子卻誰也沒見過，因而馬克士威方程式最好還是寫成那個不

對稱的樣子為好。

實際上，如果類似於電荷，也引進磁荷的概念，並將電荷和磁荷看成是某種二維「電磁荷」的兩個不同分量，馬克士威方程式不難推廣成完全對稱的形式。在推導後的方程式中，電荷和磁荷經過對偶變換互相轉換，一個基本粒子可以具有電荷、磁荷，或者兩者皆有。比如說，可以認為電子所具有的不是電荷，而是一個「磁荷」，或者說認為電子有一半電荷和一半磁荷，理論照樣成立。但是，還是那個原因，因為單獨的磁荷並不存在，這種推導後的馬克士威方程式沒有好處，只是畫蛇添足而已。

所以，連狄拉克（Paul Dirac）這種非常要求數學美的科學家也不想將馬克士威方程組作一般的推廣。他說，「讓經典電磁理論就保持那種形式吧。不過，磁單極子還是需要的，哪怕就只有一個也行，就可以在量子電動力學中解決電荷量子化的問題了。」於是，狄拉克將電磁理論作了一個最簡單的推廣：考慮只包括一個「假想」磁單極子的情況，即一個位於座標原點的點磁荷 [42]，見圖 9-4-2。

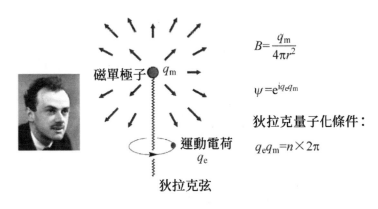

$$B=\frac{q_{\mathrm{m}}}{4\pi r^2}$$

$$\psi=e^{iq_e q_{\mathrm{m}}}$$

狄拉克量子化條件：

$$q_e q_{\mathrm{m}}=n\times 2\pi$$

磁單極子 q_{m}

運動電荷 q_e

狄拉克弦

圖 9-4-2 狄拉克磁單極子

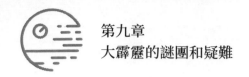
　　電荷量子化的問題，指的是為什麼我們觀察到的粒子的帶電量總是電子帶電量的整數倍？狄拉克用他的磁單極子解釋了這點。狄拉克的磁單極由磁荷 q_m 產生，是一條細長的螺線管（狄拉克弦）的一端。它在距原點 r 處產生的磁感應強度 B 正比於 q_m/r^2，向外呈輻射狀，如圖 9-4-2。因為 B 的散度幾乎在任何地點都為 0，除了原點，也就是點磁荷所在之處，所以我們可以局域地定義磁向量勢 A，使磁向量勢 A 的旋度等於磁感應 B。

　　考慮一個繞著螺線管旋轉的電荷 q_e，其經典總角動量正比於 $q_e q_m$，與兩個粒子之間的距離無關。將此應用於量子力學，總角動量被量子化，只能等於 $\hbar$ 的整數倍。因此，我們可由角動量的量子化證明電荷和磁荷的量子化。另外一種方法是直接從量子力學的角度來理解：繞狄拉克弦轉圈的電荷的波函數 $\phi = \exp(i\phi)$ 中的相位 ϕ 正比於 $q_e q_m$，即 $\phi = \exp(iq_e q_m)$。因為電子在繞行一圈後總是回到同一點，其波函數的相位 ϕ 應該是 2π 的整數倍，即 $q_e q_m = n \times 2\pi$，如此也能解釋電荷的量子化問題。以上介紹的狄拉克磁單極子實際上是馬克士威方程式的一個奇異解。所謂狄拉克弦，則是從磁荷引出的攜帶磁通量延伸到無限遠的一條數學上的半直線。因為狄拉克的磁單極子連著這一根長長的「弦」，使人感覺不怎麼舒服，不太像一個真實存在的基本粒子，更像一個數學模型。但是無論如何，它可以幫助解釋電荷為什麼總是某個基本電荷的整數倍這個經驗事實。狄拉克十分欣賞他的這個傑作，也堅定地相信磁單極子在自然界應該存在，他甚至說：「如果大自然沒有用這個招數的話，那才叫奇怪呢。」

　　在粒子物理的標準模型中，電磁場是被 U（1）群描述的規範場，電荷的量子化與 U（1）規範群的緊緻性相連繫。從群論的角度再進一步，

電磁作用和弱作用一起被統一在 SU（2）XU（1）規範群中。1968 年，吳大峻和楊振寧證明了只有在非阿貝爾群的自發破缺規範理論中，磁單極子才有可能作為方程式的正規解而出現，兩位學者繼而構造成功了沒有奇異性的吳—楊磁單極子[43]。

物理學家試圖用自發對稱破缺的規範理論將強相互作用與電弱作用統一在一起，稱之為大一統理論（grand unfied theory，GUT）。這個理論當然也需要電荷量子化，因此狄拉克的「高招」加上吳 - 楊的推廣也被搬到了 GUT 中。並且，相應的對應物：胡夫 - 波利亞科夫磁單極子[44-45]，已經從狄拉克磁單極子改頭換面，不再是塞進理論中的數學模型，而是從理論導出的對稱破缺時的必然結果。它們不但被要求用以解釋電荷量子化的問題，還是一個應該能夠被實驗驗證的東西（圖 9-4-3）。

$$SU(5) \xrightarrow{M_X} SU(3) \times SU(2) \times SU(1) \xrightarrow{M_W} SU(2) \times SU(1)$$

大一統理論中的磁單極子

$$M_{mon} \approx \frac{4\pi M_V}{e^2} \sim 10^{16} GeV$$

M_v **規範玻色子的質量**

希格斯玻色子126.5GeV

圖 9-4-3 大一統理論中的磁單極子

但困難在於大一統理論中的磁單極子質量太大了（10^{16}GeV），這是現有加速器無法達到的數量級。

根據大一統理論和宇宙學，在宇宙早期，4 種基本作用力是一致的，隨著宇宙膨脹、溫度下降，重力首先分離出去。然後，電磁和強、弱三種力一致，直到在希格斯場的作用下發生對稱性破缺，這時必然會存在

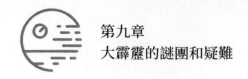
磁單極子的解。因此,理論預言宇宙中應該存在大量的磁單極子。但實際上我們在實驗室及宇宙中幾乎從來沒有找到過任何磁單極子。這裡用「幾乎」這個詞彙,是因為曾經有過幾次宣稱「發現磁單極子」的分散報告,但之後無法得到更多證據證實。此外,凝聚態物理中觀察到(更準確的說法,是被製造出來)的類似於磁單極子的東西,並不是物理學家們期望的那種基本粒子,而只能算是某種非孤立的、具有磁單極特徵的「準粒子」而已。

那麼,大一統理論認為應該在宇宙早期產生的磁單極子到哪裡去了?為什麼無法探測到它們?如何從宇宙的大霹靂模型解釋這個現象?這便是所謂的「磁單極子疑難」。

5. 上窮碧落下黃泉，暗物詭異難露面 ———

　　2015 年探測到重力波的事件使物理學界振奮了一陣子。冷靜之後，許多人不約而同地想到了我們長久尋覓而不獲的另一個目標：暗物質。重力波事件甚至激發了想要探測暗物質的科學家們無比豐富的想像力：發出重力波的兩個黑洞說不定就是由暗物質組成的啊！想像和猜測尚需要更多觀測數據的證明，但我們現在還沒有。非常遺憾，我們對暗物質的了解比對重力波的了解還要少。天文學家和宇宙學家們認定暗物質的存在，但僅此而已。

　　暗物質占據了 1/4 的宇宙物質，沒有它，星系會散架，星星將脫離星系進入太空，宇宙目前呈現的次序將被破壞。儘管暗物質對我們極其重要，我們卻不清楚它是什麼，只知道它們在某些方面類似於常見的普通物質：慢速運動、塵埃狀、具有引力作用。因此，當我們在本書中討論「宇宙物質密度」時，將它們與普通物質同樣處理。但是，我們知道它和普通物質有根本區別：沒有電磁作用！無法發光也不會散射光，因而無法用光學手段探測到它們！

　　從 2013 年普朗克衛星給出的數據，在我們的宇宙中，通常物質大約只占 4.9%，暗物質大約占了 26.8%，其餘剩下的 68.3% 則是所謂「暗能量」。

　　「暗物質」和「暗能量」雖然不會被看見，但人們認為它們的確存在。尤其是暗物質的說法早已有之，最新觀測數據只是再次證實它們的存在而已。早在 1932 年，暗物質就由荷蘭天文學家揚·歐特（Jan Oort）

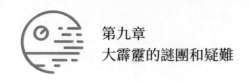
提出來了。著名天文學家茨威基（Fritz Zwicky）在 1933 年在他對星系團的研究中，推論出暗物質的存在。

弗里茨‧茨威基是一位在加州理工學院工作的瑞士天文學家，他對超新星及星系團等方面做出了傑出的貢獻。茨威基對搜捕超新星情有獨鍾，他是「獨自發現超新星」的冠軍，他進行了長達 52 年的追尋，總共發現了 120 顆超新星。

茨威基在推算星系團平均質量時，發現獲得的數值遠遠大於從光度得到的數值，有時相差上百倍。因而，他推斷星系團中的絕大部分的物質是看不見的，也就是如今所說的「暗物質」。

暗物質存在的最有力證據是「星系自轉問題」和「重力透鏡效應」。

星系自轉問題，是由美國天文學家薇拉‧魯賓（Vera Rubin）觀測星系時首先發現和研究的。很多星系都和我們銀河系一樣，在不停地旋轉。根據重力規律，螺旋星系應該和行星繞著太陽運動的規律一樣，符合克卜勒定律，即轉動速度應與軌道距離的平方根成反比，距離中心越遠，轉動速度越慢。但是觀測結果似乎違背了克卜勒定律，在遠離星系中心處恆星的轉動速度相對於距離幾乎是個常數。也就是說，星系中遠處恆星具有的速度要比克卜勒定律的理論預期值大很多。恆星的速度越大，拉住它所需要的重力就越大，這更大的重力是哪裡來的呢？於是，人們假設，這份額外的重力就是來自於茨威基所說的星系中的暗物質。

天文學家在研究我們自己所在的銀河系時，也發現它的外部區域存在大量暗物質。

銀河系的形狀像一個大磁碟片，對可見物質的觀察表明其大小約為 10 萬光年。根據重力理論，靠近星系中心的恆星，應該移動得比邊緣的星體更快。然而，天文測量發現，位於內部或邊緣的恆星，以大約相同

的速度繞著銀河系中心旋轉。這表明銀河系的外盤存在大量的暗物質。這些暗物質形成一個半徑是明亮光環 10 倍左右的巨大「暗環」。

　　既然暗物質具有重力作用，就應該造成廣義相對論所預言的時空彎曲。光線透過彎曲的時空後會偏轉，類似於光線在透鏡中的「折射」現象。這就是愛因斯坦預言的多次被天文觀測證實了的「重力透鏡」效應，也將它們稱為「愛因斯坦的望遠鏡」。茨威基在 1937 年曾經指出，有暗物質的星系團可以作為實現重力透鏡的最好媒介。可想而知，由較為均勻分布、散開在星系中的暗物質形成的透鏡，肯定要比密集的星體形成的透鏡「品質」好得多，見圖 9-5-1。也就是說，暗物質對光線沒有直接反映，既不吸收也不發射，這點表明它們無法被看見的「暗」性質。但是，暗物質卻能透過重力效應，間接影響到光的傳播，使光線彎曲，成為重力透鏡的「介質」。

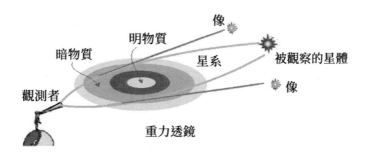

圖 9-5-1 暗物質的引力透鏡

　　暗物質形成的重力透鏡，天文學家們不僅能用它們來研究其中暗物質的性質和分布情況，證實星系中暗物質的存在，還可以像使用真正的望遠鏡一樣，用它來研究和探索背景天體。

　　進一步來說，重力透鏡還可以真正發揮其「望遠」和「放大」的功能，從而擴大人類的眼界，幫助天文學家們觀察遙遠的星系。對遙遠星

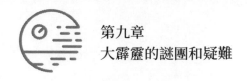
系的觀測有助於研究宇宙的演化情形,因為我們接收到的,是這些星系若干年之前發出來的光線。

在示意圖 9-5-1 中,觀測者透過重力透鏡現象觀測某一個目標時,看到的是兩個成像,而不是一個。這是重力透鏡觀測中常見的現象。2015年 3 月,美國航太總署的哈伯望遠鏡拍到了一顆奇特而又罕見的場景,正在爆炸的遙遠恆星(超新星爆發)的 4 個不同的影像。這 4 個影像排布成一個十字架的形狀,這種景象通常被稱為愛因斯坦十字架。天文學家們當時是在觀測距離我們超過 50 億光年的一個大質量橢圓星系時偶然拍攝到這個奇景的,他們觀測和研究該星系及其周圍的暗物質,沒想到卻給了他們一個驚喜,背景中正好一顆超新星爆發,暗物質重力透鏡將超新星一分為四!

引力透鏡可表現為 3 種現象:一是多重像,如圖 9-5-1 中所示的二重像,對應於強重力透鏡現象。第二種是由於光線聚焦而使得光強增加,稱之為微重力透鏡。第三種叫做弱重力透鏡現象,是在透過某星系進行大尺度觀測時發現遠處星系的形狀改變,這種改變與暗物質的存在和分布緊密相關,是探測和研究暗物質的強大手段。

天文學家早有方法計算宇宙中「明」物質的總質量,暗物質比明物質多得多,這個比值是如何算出來的呢?從觀測星系的恆星旋轉速度與重力理論計算之差距,還有以星系作為重力透鏡的效果,可以計算該星系中暗物質相對於正常物質的比值。普朗克衛星可以巡視整個可見宇宙中所有的星系,因而可以猜想出整個宇宙中暗物質相對於正常物質的比值。

暗物質存在的證據確鑿,但尋找暗物質的努力卻一直毫無所獲。不過,科學家們沒有停下腳步,而是啟動了一個又一個的計畫,上至天上

的衛星，下有地底深處的隧道。他們窮盡各種方式，想要捕獲這個詭異的怪物。據說大型強子對撞機，也有望找到構成暗物質的未知新粒子。此外，日本天文臺的一個科學家小組，計劃繪製出一個宇宙中暗物質質量和密度如何分布的「暗物質地圖」，那樣便能夠給出更多的線索，使人們更為方便地尋找暗物質。

對宇宙學而言，暗物質也和下一節中我們將討論的暗能量問題相連繫。暗物質增加宇宙中的質量，使得天體互相拉近，而暗能量相當於一種排斥作用，使得宇宙間的天體互相分離。換言之，在宇宙演化的漫長歲月中，這兩種作用不停地進行「拉鋸戰」。

暗物質和暗能量之謎不僅是天文學和宇宙學的疑難，也是整個基礎物理學的困惑。也有人懷疑是否我們的基礎理論出了問題？是否重力理論用在星系尺度的時候需要一些修正？我們拭目以待，等待科學家們在新理論和新實驗探索中的佳音。

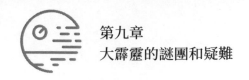
6. 宇宙常數解疑難，捕風捉影論真空 ——

　　愛因斯坦雖然是 20 世紀初物理學兩大革命的重要帶頭人，但他的物理觀念卻基本上是經典的。他對光電效應的解釋，促成量子理論的建立，但他對量子理論一直心存芥蒂，不願認同。愛因斯坦與波耳之間著名的「世紀之爭」，以及他提出的質疑量子理論的 EPR 悖論，影響一直延續至今。

　　廣義相對論被愛因斯坦認為是他的最得意之作，其中他將重力與時空幾何性質相連繫，建立了著名的愛因斯坦重力場方程式，但他對該方程式解出的結果卻屢屢懷疑，遲遲不肯承認。例如史瓦西找到了方程式的球對稱解析解，引出了後來的黑洞概念。雖然那時候還沒有黑洞這個名詞，但愛因斯坦從不相信會有這樣的怪物存在。又如，傅利曼導出的方程式為宇宙演化模型（大霹靂）建立了堅實的理論基礎，愛因斯坦一開始也一度懷疑傅利曼算錯了。

　　除了史瓦西和傅利曼之外，得到重力場方程式精確解的重要人物中，還有一個叫做威廉・德西特（Willem de Sitter）的荷蘭天體物理學家。他解出的德西特時空與宇宙常數有關。

　　德西特可謂暗物質和暗能量研究的理論先驅，儘管他在有生之年從未聽過這兩個名詞。他曾經與愛因斯坦共同發表有關宇宙中存在「看不見的」物質的論文；他從重力場方程式得到的德西特時空則是目前公認的解釋暗能量的最佳候選人。

　　宇宙學常數 $\varLambda$ 是個怪物，當初愛因斯坦引進它只是為了使他的方程

式的解維持一個穩定靜止的（牛頓力學式的）宇宙影像，也就是當時科學家們所公認的。我們知道，愛因斯坦方程式（圖 4-3-2）最直觀的物理意義是「物質決定時空幾何」：方程式的右邊代表物質，左邊代表幾何。如圖 4-3-2 所示，愛因斯坦最開始時將含有宇宙學常數 Λ 的一項放在方程式左邊，僅僅將它當作一種數學方法，以消除時空的不穩定因素而試圖保持時空穩定。

當年的德西特教授反應很快，立刻就為包含宇宙常數的重力場方程式找到了一個精確解。不過，這個解令愛因斯坦目瞪口呆，因為該解適合的條件是時空中什麼也沒有。這個解是令方程式右邊的能動張量（即先前所提的「能量 - 動量張量」）完全為零，僅僅保留左邊的宇宙常數 Λ 相關項而得到的。換言之，德西特的解似乎說明，沒有物質，卻產生了時空彎曲的幾何。這顯然沒有物理意義。

於是人們認為，宇宙常數項應該放到方程式的右邊，作為某種類似於物質或能量的貢獻。目前物理界認同的說法是：它產生於真空漲落，是屬於方程式右邊代表「物質」的能動張量的一部分。實際上，愛因斯坦方程式中的能動張量除了通常意義下的有靜止質量的物質之外，本來就應該包括所有的能量在內。根據量子場論的理論，真空不空，具有能量，是物質存在的一種狀態，宇宙學常數便與此能量有關，被稱之為暗能量。

有趣而古怪的宇宙學常數多次難倒了愛因斯坦，也曾經帶給宇宙學家們多次疑難，場方程式中的這一項似乎可有可無。一開始，物理學家們和愛因斯坦一樣，根據天文觀測的實際數據來調整它的正負號，決定對它的取捨。比如在 1998 年以前，人們認為宇宙是在減速膨脹，不需要宇宙常數這一項，便將它的值設為 0。但大家又總是心存疑問，所以那

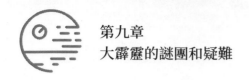
時候的「宇宙常數問題」是為什麼宇宙常數是零？1998 年的觀測事實證明了宇宙是在加速膨脹，這下好了，宇宙常數又不應該是 0 了！物理學家們將它請回來，用以解釋宇宙為什麼加速膨脹。但是，問題又來了：這個宇宙常數到底是個什麼東西？它為什麼不是 0？

　　雖然物理學家們暫時將宇宙常數解釋為真空能量，但怎樣計算真空能量密度卻是物理學中尚未解決的一個大問題。如果把真空能量當作是所有已知量子場貢獻的零點能量總和的話，這樣得出來的結果比天文觀測得到的宇宙常數值大了 120 個數量級！另外，觀測得到的宇宙常數值與現在的物質能量密度有相同的數量級，使人感覺更可信。但從理論上而言，真空能應該如何計算呢？這是又一個與宇宙學常數相關的疑難問題。

　　總而言之，宇宙學家們對宇宙學常數頗有興趣，其原因是因為它代表一種「排斥」類型的引力。我們知道，電磁作用中的電荷有正有負，因而電磁力既有吸引作用，也有排斥作用；但由普通物質的質量產生的引力卻只有吸引而絕不排斥。沒有宇宙學常數的參與，人們無法解釋宇宙的加速膨脹。讀者可能還記得，在第八章討論傅利曼的宇宙模型時，影響宇宙尺度變化的 4 種物質密度中（式（8-1-1）），只有與宇宙學常數相關的那一項才能產生指數式的加速膨脹，其他密度的貢獻都只能使宇宙減速膨脹。加速膨脹的效應只可能由具有「負壓」的真空能量產生。所以，宇宙學常數變成了「暗能量」的同義詞。但我們對暗能量知之甚少，當下的宇宙學常數疑難也就是暗能量疑難。

　　根據普朗克衛星提供的數據，暗能量在宇宙的物質成分中占了 70% 左右，暗物質有 26% 左右，留下的 4% 才是我們熟知的普通物質。天文學家是如何得到這些數值比例的？

　　這確實是一個有意思的問題。想想平時是如何得到各種物質、材料、質量之比的，我們使用的是天平或者「秤」。可是，普朗克衛星又無法把天體拿到「秤」上去稱，它報告的物質比例從何而來呢？

　　在天文學中估算天體質量時，人們利用的是在引力理論基礎上建立的各種數學模型，無論是行星、恆星、星系，還有各種天文現象，都有其相應的數學模型。這些模型，便是「秤量」宇宙的秤。數學模型中有許多未知的參數，需要由天文觀測的數據來決定。普朗克衛星主要是透過測量微波背景輻射中的細微部分來獲得這些參數，研究人員將這些數據送入電腦，解出數學模型，最後才能得到各種成分的比例。

　　這是一個相當複雜的過程，包括了很多物理理論、數學知識、計算技術、工程設計等方面。就物理概念的大框架來說，科學家們大概用如下方法猜想這個比例：根據觀測星系中恆星旋轉速度與理論計算之間的差距，以及以重力透鏡的效果，可以計算星系中暗物質相對於正常物質的比值。天文學家早有方法計算宇宙中「明」物質的總質量。然後，從「明暗」物質的比例便能算出宇宙中暗物質的總質量。

　　從宇宙學的角度，天文學家有兩種方法猜想「宇宙的總質量」。一是從宇宙膨脹的速度和加速度，二是根據宇宙的整體彎曲情況。

　　宇宙學研究宇宙的大尺度結構和形態，用來估算宇宙作為一個整體的曲率和形狀：

　　宇宙是開放的，還是閉合的？是像球面、馬鞍面，還是平面？這個整體模型涉及一個「臨界質量」。如果宇宙的總質量大於臨界質量，比較大的引力效應使得宇宙的整體形狀成為球面；如果宇宙的總質量小於臨界質量，引力效應更弱一些，宇宙的整體形狀是馬鞍面；如果宇宙的總質量等於臨界質量，則對應於整體平坦的宇宙。

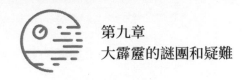

　　根據宇宙學得到的天文觀測數據，宇宙在大尺度範圍內是平坦的，說明宇宙的總質量大約等於臨界質量。

　　但是，從宇宙加速膨脹得到的宇宙總質量，或者考慮平坦宇宙應該具有的臨界質量，都大大超過觀測所猜想的「明暗物質」之總和。物理學家提出的「暗能量」，便可以解釋這個宇宙組成中所缺失的大部分。如此便算出了剛才所說的各種物質的比例。

　　暗能量像是存在於宇宙中的一種均勻的背景，在宇宙的大範圍中起斥力作用，加速宇宙的膨脹。但是，在嚴格意義上，又不應將它說成是一種通常意義下的斥「力」，因此只能稱其為能量。而在現有的物理理論中，也沒有具有如此秉性的「能量」，因而稱其為「暗能量」。人們容易將暗物質和暗能量混淆。並且，根據愛因斯坦的質能關係式：$E = mc^2$，質量和能量可以看作是物質同一屬性的兩個方面，那麼為什麼還要將兩種「暗」區別開來呢？其中原因很難說清，基本上還是因為我們尚未明白它們到底是什麼。

　　因為暗物質和暗能量這兩個概念在本質上有所區別，因此它們在宇宙中的具體表現也大不相同。暗物質吸引，暗能量排斥。暗物質的引力作用與一般普通物質之間的引力一樣，使得它們彼此向內拉，而暗能量卻推動天體彼此向外分離。暗物質的影響表現於個別星系，而暗能量僅僅在整個宇宙尺度發揮作用。可以用一句話如此總結宇宙不同成分的作用：宇宙由明物質和暗物質組成，因暗能量而彼此分開。暗物質增加宇宙中的質量，使得天體互相拉近。而暗能量擴張宇宙，使得其中的天體彼此分離。在宇宙演化的 137 億年中，這兩種作用不停進行「拉鋸戰」。

　　儘管我們還不知道暗物質究竟由什麼構成，也不清楚暗能量的作用機制，但透過天文觀測，對它們已經有所認識。比如說，天文學家們可

以模擬暗物質的重力效應，研究它們如何影響普通物質。一般來說，暗物質的運動速度大大小於光速。構成暗物質的粒子應該是電中性的，也許具有很大的質量。

第十章
暴脹的宇宙

　　前面幾章所介紹的內容，基本屬於宇宙學中的標準宇宙模型。本章介紹的暴脹模型，並不是另外一套宇宙演化理論，而是對標準模型的修正和補充，說的是宇宙在極早期，大爆炸之後 $10^{-36} \sim 10^{-32}$s 之間的一段極短時間內，空間極快膨脹的過程。暴脹不同於前面所說的「宇宙膨脹」，暴脹是一個極快速的過程：在遠遠小於 1 秒的時間裡，宇宙的半徑增大了 10^{30} 倍，這個數值是線性尺度的成長，體積成長就更多了。暴脹期結束之後，宇宙繼續膨脹，但速度低得多，此時進入我們前面描述的標準大爆炸過程。

第十章
暴脹的宇宙

1. 超級暴脹補缺陷 ———

大霹靂理論幾乎得到一切宇宙學觀測的支持，但也有不少疑難問題，比如上一章中述及的視界疑難、平坦性疑難、磁單極子疑難等。這裡再將以上 3 個疑難的中心思想複述如下：

視界疑難是觀察微波背景輻射（CMB）的均勻性時產生的。CMB 輻射非常均勻，其不均勻性引起的微小起伏的相對幅度只有 10^{-5}。這種均勻性表明，最後散射面的等離子體宇宙各個部分是處於熱平衡狀態。然而，根據大霹靂模型倒推回去的理論計算，最後散射面上各部分的視界互相遠離，意味著彼此不可能有資訊交流，也應該談不上熱平衡。

平坦性疑難則是由我們觀測到的宇宙的高度平坦性引起。宇宙平坦性類似於某種不穩定平衡，就像是一支豎立於桌面上的鉛筆，經不起時間的考驗，微小的擾動就會使它倒下。宇宙平坦性的理論模型就是如此，初始條件與平坦性的微小差異將會很快地被指數性放大，宇宙演化了 137 億年還是如此平坦，說明初始時候的平坦性之高難以想像（與絕對平坦的差異只有 10^{-58}）。

磁單極子疑難質疑的是為什麼人類從未觀測到它。按照理論推算，觀測到磁單極子的機率應該大得多。

阿蘭·古斯（Alan Guth）是出生於美國紐澤西州的理論物理學家。大學時代就讀麻省理工學院時，他的研究方向是粒子物理。1979 年春天，在康乃爾大學工作的古斯到史丹佛直線加速器中心進行短期訪問。當時他聽了羅伯特·迪克的一個與宇宙學平坦性疑難相關的報告，極感

興趣，從此將研究方向轉向了宇宙學。

古斯研究了數月後就產生了「驚人的醒悟」，有關暴脹的思路已經形成。他發現如果在標準模型的早期宇宙演化過程中，加進一個暴脹時期，則有可能解決上面 3 個疑難問題。他假設宇宙演化過程中有一段時間，空間以極大的速度成倍地膨脹。

1981 年，古斯正式發表了他的第一個暴脹模型[45]，在宇宙學界引起巨大轟動。他被邀請到各處演講，也被聘為麻省理工學院物理系的客座副教授。

當著名物理學家溫伯格聽說了古斯的暴脹理論時，第一個反應是遺憾地想道：「為什麼我沒有想到？」的確十分奇妙，這個 32 歲的年輕人的理論在當時看起來雖然占怪，卻並不高深莫測。簡單的想法令宇宙學家們吃驚，為何用一個超級暴脹的思想，居然就解決了許多深層次的宇宙學問題？

現在看起來，3 個疑難問題的關鍵是為了符合 CMB 的觀測數據，後者要求宇宙早期的狀態滿足較為苛刻的初始條件，而標準模型滿足不了這些條件。經過古斯加入一段暴脹過程後，便改變了這種狀況，彌補了原標準模型的缺陷。暴脹理論解決了 3 個疑難問題的同時，還提供了一個密度漲落機制。

以視界疑難為例，圖 10-1-1（a）所示的是宇宙尺度按照時間變化的規律。最上面的粗實線是一條平滑的斜線，描述了標準宇宙模型的膨脹規律。圖中的虛線表示視界大小隨時間的變化規律。宇宙在膨脹，物質區和視界都在膨脹。當今的宇宙物質區和視界可以看成是基本一致的。如果我們從現在可觀測宇宙的大小倒推至宇宙早期，宇宙的物質區域按照實線所示的標準模型倒推，而視界變化則按照虛線倒推。宇宙年齡越

小，物質區和視界半徑都越小。但是比較實線和虛線可知，視界收縮得比物質區收縮的速度更快，這樣就造成了現在相鄰很近的兩個區域有可能在宇宙早期是視界互相分離、失去因果連繫的。也就是說，當今可觀測宇宙在宇宙早期，物質區可能比視界大很多個數量級，互相沒有了因果連繫，也無法熱平衡，繼而也無法給出如此均勻的 CMB 影像了。

圖 10-1-1 中的紅色曲線，是包括了暴脹過程的宇宙膨脹模型。根據這個模型，宇宙在極早期的尺度非常小，後來在暴脹期的一段極短時間中，線性尺度至少增大了 10^{26} 倍。這樣就避免了視界互相分離的問題。換言之，標準模型中宇宙早期的初始尺度太大了，時間又很短，物質彼此之間來不及建立熱平衡就被拋到了更為遙遠的地方。就像一小鍋湯，放到爐子上的時間並不長，也沒有來得及均勻攪拌就被分發給宴會中的客人一樣，每碗湯不可能具有同樣的溫度。加進了暴脹過程的宇宙模型，則是在暴脹之前，將宇宙早期的初始尺度縮小了 26 個數量級，那時物質之間互相靠近得多，足以建立熱平衡之後再被極快地拋離。

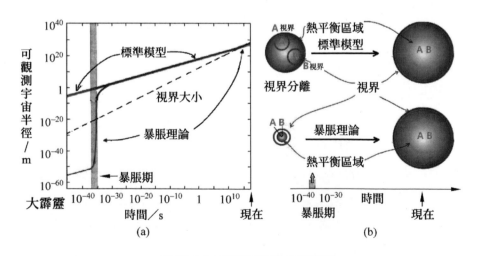

圖 10-1-1 暴脹模型解決視界問題

從圖 10-1-1（b）中，可以更形象地看出宇宙物質區與視界的變化。圖中的視界用紅色圓圈表示，大球則用以表示「可觀測宇宙」的物質區。在最右邊標示為「現在」的時間，宇宙的視界和物質區是一致的，A、B 為宇宙中心相鄰的兩點。上面的過程是沒有暴脹的標準模型，宇宙早期 A、B 兩點的視界互相分離。下面的圖顯示的是如果發生過暴脹，宇宙在暴脹期之前，物質區很小，整個區域都在視界以內，不會有視界分離而導致的因果問題。

同樣地，磁單極子疑難和平坦性疑難也迎刃而解，暴脹後整個宇宙體積增大了至少 26 個數量級，足以將原來磁單極子的密度反覆稀釋，同時也將不平坦「小宇宙」的彎曲時空不斷「伸直」。也就是說，宇宙中的任何不規則性都可以被這極快的膨脹抹平了，就如同當你將氣球吹脹時皺紋被抹平了一樣。

因此，如果暴脹確實發生過，當今的宇宙應該非常平坦，這點已經被最新的觀測結果所證實。宇宙的平坦度可用相對質量密度 Ω_0 與 1 的接近程度來描述，不過，當古斯最開始提出暴脹理論的時候，一直到十幾年之前，測量到的 Ω_0 只在 0.2 ～ 0.3，而當今的觀測數據 $\Omega_0 =$ 1.0007±0.0025，這是支持暴脹理論的證據之一。

此外，儘管能看到的「可觀測宇宙」對我們來說已經非常之大，猜想出的宇宙半徑已經超過 400 億光年，但從邏輯來推斷，我們沒有任何理由認為真實的宇宙就終止於我們目光所限的範圍以內。大多數人相信，在宇宙之外仍然有星系，天外還有天！但我們完全不知道我們看不見的真正「大宇宙」到底有多大？有限還是無限？封閉還是開放？根據暴脹模型，在圖 10-1-1（b）中，當今能夠觀測到的宇宙部分（可觀測宇宙）在暴脹期之前收縮成了視界內的一個小圓。小圓之外便應該是所謂

「真正的大宇宙」了，而這個小圓呢，也許是另一個大圓的一部分？也許周圍還有許多別的大大小小的圓？這一切都是當下宇宙學的未解之謎，它們留給人們豐富而巨大的想像空間。因為人類對這些天外之天一無所知，暫時也無法以實驗探索，科學在這些領域已經幾乎等同於科幻。

2. 對稱破缺，真空相變 ———

　　暴脹可以解決一些疑難問題，但為什麼那段時期宇宙會暴脹？暴脹的物理機制如何？這是暴脹理論需要回答的問題。

　　古斯是由大一統理論的啟發而想到暴脹理論的。在宇宙早期，強作用、弱作用及電磁力都統一在一起，真空中布滿了由「上帝粒子」構成的希格斯場。之後，希格斯場的存在促使自發對稱破缺，從而才使 3 種作用分離，並形成了各種不同的粒子。古斯受此理論啟發，認為希格斯場可能也同時是促成暴脹過程的量子場，想利用希格斯對稱破缺引起真空相變的機制來解釋宇宙暴脹。所謂自發對稱破缺，指的是物理規律理論上所具有的某種對稱性，在實際發生的現象中被破壞，因此只表現出更低的對稱性。直立於桌子上的鉛筆向某一個方向倒下是一個典型的例子。當鉛筆豎在桌子上的時候，無論是鉛筆本身、初始條件、物理規律，對於鉛筆中心的垂直線而言都是軸對稱的，倒下之後這種對稱性破缺了，不再存在，如圖 10-2-1（a）。

　　圖 10-2-1（b）中是一個暫時平衡於重力位場中的小球，或者說可以看作是一個在山坡上滾動的石頭。當石頭位於頂端 A 時，看起來具有左右對稱性，但這種對稱性很容易被輕微的擾動所破壞。擾動後的石頭將因為重力的作用，沿著圖中所示的路徑滾到山坡下一個新的重力位能更低的平衡位置 B。

　　圖 10-2-1（b）所示的情形，經常被用來比喻由於真空量子漲落而引起的自發對稱破缺。

在真空情形下，圖形不再表示重力位能，而代之以某個真空標量場的位能曲線。重力場中的小球總是滾向能量更低的地方，與此類似，系統的真空場也總是要「相變」到某個真空能量最小的狀態。雖然圖中的 A 點和 B 點都是極值點，但是 A 點不穩定，能量高於 B，所以是一個「假」真空平衡態，真空漲落將使它過渡到真正的最低能量態 B。

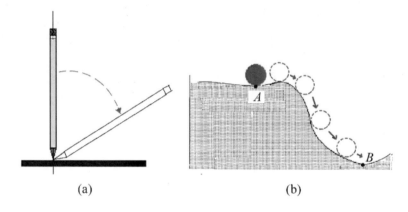

(a)   (b)

圖 10-2-1 自發對稱破缺

但問題是用什麼來構造宇宙暴脹時期的這個動力學標量場呢？古斯最開始想用希格斯場來解決問題，但多數學者認為引起暴脹的不是希格斯場，而是另一種標量場，可稱之為暴脹場。暴脹場需要滿足一些必要的條件，並且，暗能量應該由這個標量場的能量所主導，對應的粒子則被稱為暴脹子。後來，俄羅斯的安德烈·林德（Andrei Linde）以及其他物理學家基於暴脹標量場提出慢滾暴脹的模型。

在前一章中介紹暗能量時曾經提到，荷蘭天體物理學家德西特利用從重力場方程式得到的解來解釋暗能量。德西特空間與宇宙學常數 Λ 有關，即在空間各處沒有物質，但卻有和 Λ 成正比的真空能量。

實際上，如果愛因斯坦場方程式中僅僅包含宇宙學常數 Λ，沒有其

他物質，可以求出 3 類常曲率的時空解。德西特時空對應於正的常數曲率，相應於正宇宙學常數；閔考斯基時空的曲率為零，相應於宇宙學常數為零；還有一種對應於宇宙常數為負值時的負常數曲率時空，叫做反德西特時空。

我們知道，在宇宙演化過程中，如果宇宙常數為正數，並且起主要作用的話，空間將以指數形式增長。因此，暴脹需要的時空與德西特空間很相似，在暴脹時期，我們的宇宙可以看作是一個準德西特時空。

慢滾暴脹模型與上面所舉的重力位場中小球的運動很類似，如圖 10-2-2（a）所示。

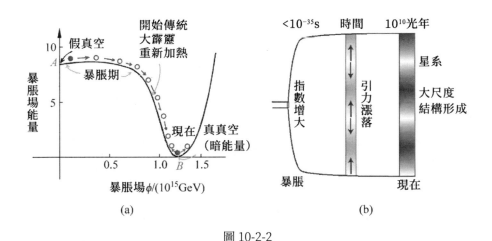

圖 10-2-2
（a）慢滾暴脹場；（b）從暴脹到結構形成

必須提醒讀者注意，在圖 10-2-2（a）中，雖然有「現在」和「暴脹期」等時間標示，但是圖中橫座標表示的是暴脹場的強度，並非時間。因此，圖 10-2-2（a）中的曲線所描述的是暴脹場的能量與場強之間的關係，不是與時間的關係。曲線上有兩個特殊點（A 和 B），A 代表假真空，B 點才是能量最低的穩定的真空態。在暴脹未發生之前，暴脹場的

強度比較小，宇宙位於高能量密度的假穩定真空狀態（A 點）。之後，暴脹場強度增大，但能量變化很小，由曲線的左半部所表示，是一段較為平坦的高地。隨著暴脹場強的增大，宇宙的狀態向右邊移動，有點類似於前面所舉的例子中山坡上往下滾動的石頭。因為高地平穩，石頭滾動得很慢。但是，在宇宙模型中雖然也使用了「慢滾」一詞，但實際上這一切只發生在一段極短的時間內，即暴脹期，從 $10^{-35} \sim 10^{-33}$s，宇宙空間急遽地指數膨脹至少 10^{26} 倍。從圖 10-2-2（a）中可見，暴脹場「慢滾」到高地的邊緣就碰到了「懸崖」，前面所舉例子中的山坡上的石頭掉到懸崖下能量最低的位置後，重力位能轉換為石頭的動能，使石頭具有很大的速度。

在宇宙暴脹模型中，暴脹場能量的效應十分類似於宇宙學常數，亦即前一章所述的暗能量的作用。當早期宇宙溫度下降時，假真空的高能量產生很強的排斥力效應。因為暴脹標量場是「慢慢」地滾下位能峰，使得位能一直保持很大。強大的排斥作用大大超過物質間的引力吸引，使空間發生越來越快的膨脹（暴脹）。暴脹時，物質粒子越分越開，越來越被「稀釋」，最後成了一個幾乎不包含任何粒子、由真空能主導的過冷膨脹的宇宙（這也是磁單極子被稀釋的原因）。直到暴脹場能量降到懸崖邊緣，位能峰變得陡峭，意味著排斥作用很快地減弱，暴脹即將結束。之後，便開始了傳統模型中描述的大爆炸，即我們在前面章節中描寫的宇宙演化過程。因為暴脹場原來處於能量很高的位置，碰到懸崖後，能量大幅度降低，即宇宙的暴脹場真空能轉換為其他種類的能量，比如基本粒子的熱能，使得宇宙「重新加熱」，溫度升高。宇宙遵循標準模型所描述的演化過程，形成物質和結構，圖 10-2-2（b）描述的便是宇宙從暴脹到星系等大尺度結構形成的時間過程。

　　位能懸崖的最低點 B（真真空），是宇宙現在的狀態。B 點所對應的暴脹場能量，可以理解為目前被認為是宇宙中暗能量的部分。也就是說，在暴脹期間的暗能量，比現在的暗能量大多了，這也正是造成暴脹的原因。

3. 平行宇宙似科幻 ——

　　暴脹理論的確解決了一些標準理論產生的難題，但是，暴脹理論是否正確？宇宙早期是否真正發生過暴脹？還需要實驗觀測方面的證據，目前也有一定的觀測數據支持它，主要是來自於微波各向異性探測器及普朗克衛星等測量的宇宙微波背景數據。

　　測量數據顯示當今宇宙高度平坦（表徵平坦的指數非常接近 1），這是對於暴脹理論的一大支持。尤其令人吃驚的是，在暴脹理論剛提出的年代，測量數據並不支持它，那時測量到的指數在 0.2 ～ 0.3 之間。之後，隨著裝置精確度的提高，所測指數值神奇地提高到 1.0007。如果暴脹未曾發生過，很難解釋這個結果：宇宙為什麼會如此平坦？這也說明暴脹理論並不是為了滿足觀測結果而拼湊出來的，而是預言了宇宙高度平坦，之後該預言被觀測證實，這也是它的迷人之處。

　　暴脹理論還有另一個漂亮的結果：它在解決平坦性、均勻性、各向同性等類似問題的同時，也預測了今天宇宙中形成的所有結構。暴脹階段的量子漲落被放大之後，經過重力塌縮，最後形成了現在的星系等大尺度結構，如圖 10-2-2（b）所示。這種微擾稱為絕熱微擾，其微擾譜是一種高斯隨機場，由譜振幅和譜指數兩個參數來表徵。如果考察經典的德西特宇宙，它的尺寸是理想不變的，即譜指數為 1。而考慮了量子漲落的簡單暴脹理論預測，譜指數值應該在 0.92 ～ 0.98 之間。許多宇宙微波背景實驗以及星系巡天的觀測數據已經證實了這種微擾結構。這些實驗證實，譜指數為 0.968±0.006。這些觀測數據為暴脹理論提供了重要的證據。

　　還有幾個支持暴脹理論的證據。此外，如果原初重力波被探測到，將是對暴脹理論的最有力支持，但至今還沒有原初重力波存在的確切證據。因為具有如上所說的如此高的預測能力，無論暴脹背後的物理學原理是什麼，它都引起了人們極大的興趣。暴脹場到底是什麼？暴脹時期事件的細節如何？人們試圖為它建造一個完善的理論模型。現今，存在多種模型來解釋暴脹理論的物理機制，諸如混沌暴脹、永恆暴脹等。

　　解釋暴脹的物理機制模型往往導致「平行宇宙」的結論。存在多種與平行宇宙有關的假說，其中最容易理解的是與暴脹關係不大，主要與宇宙「視界」有關的平行宇宙說。

　　因為光速以有限速度傳播，而宇宙的年齡只有 137 億年，所以無論使用多麼先進的儀器，我們應該都只能觀察到距離我們 137 億光年以內的宇宙。再考慮在這 137 億年中宇宙一直都在膨脹的事實，這個距離被修正到 460 億光年。也就是說，在真實的「大宇宙」中的任何星系，都只能看到一定距離範圍以內的東西，對於視界外的宇宙，無法觀測，也無法對它施加任何影響，視界外的宇宙與我們完全獨立。這是被「視界」所限制的可觀測區，稱之為該星系的「可觀測宇宙」。顯然，在「大宇宙」中存在有大量的可觀測區，我們看到的宇宙不過是其中一個而已，這樣的話，我們宇宙之外其他的可觀測區便可被看作是「平行宇宙」。

　　如果真實的「大宇宙」是無窮大而開放的，上面描述的那種「視界」平行宇宙便有無限多個。但是，因為每一個可觀測宇宙是有限的，其中也只包含有限多個「粒子」。那麼，這些數目有限的粒子進行各種排列組合的方式也是有限的。儘管這是一個非常大的數值，但卻有限。用這些有限的排列方式來組成無限多個平行宇宙，將產生什麼結果呢？至少能夠根據抽屜原理（又稱鴿巢原理）得出一個有趣的結論：這些平行宇宙

中一定會有（至少兩個）排列方式一模一樣的宇宙！

　　如果某個宇宙與我們「宇宙」的排列方式一模一樣的話，那就意味著其中會有一個一模一樣的你！還有一個一模一樣的你的朋友、朋友的朋友……不過，那個「你」雖然和你長得一模一樣，但是卻不見得有一樣的行為，你的朋友在那個平行宇宙中也可能變成那個「你」的敵人。重要的是，這一切和我們宇宙中的你沒有任何關係，你也不可能見到那個「你」，所以就無需多言了。

　　剛才所述可以算是經典概念下的平行宇宙。在量子物理中，原來就有一個平行宇宙的假說，稱之為「多宇宙詮釋」，那是與「薛丁格的貓」、量子態塌縮之類有關的概念，和宇宙學暴脹的平行宇宙是兩碼子事。

　　不過，量子理論經常會導致一些不可思議的事。如果我們將量子波動理論應用到暴脹宇宙中，似乎也難以避免平行宇宙的結果。話說回來，暴脹還必須考慮量子效應，一來暴脹期前後的宇宙都是高熱量、高密度狀態，正是量子理論的用武之地。二是暴脹理論還得靠量子漲落之類的說法來解釋暴脹機制和宇宙後來的結構形成。因此，我們將此類平行宇宙歸為「暴脹平行宇宙」。

　　古斯當初建立「舊暴脹」理論時，碰到一個如何讓暴脹「停止」的困難；林德修正了古斯的模型，提出了混沌暴脹理論。

　　如前所述，我們的宇宙在暴脹期之前只是大宇宙中的一個「小點」，每個小點後來都成為一個「宇宙」。我們也知道，暴脹的動力學可以用暴脹標量場來描述，但由於量子漲落，這個標量場在每一個點的數值應該稍有不同，那麼暴脹的速度和期間都會有所不同，後來演化出的所有「平行宇宙」也都會各不相同。

　　因為是混沌暴脹，那時候的大宇宙應該是一堆大大小小的形成碎形結構的「泡泡」。加上量子理論，在宇宙中還可能會不斷有暴脹發生，也就是說，新泡泡不斷地產生出來。如此描述的宇宙圖景，不需要解決古斯的暴脹如何停止的問題，因為暴脹宇宙從來就沒有停止過，暴脹實際上是無時無刻都在不斷地發生和湮滅的過程。由於量子機制導致的隨機性，某一個泡泡宇宙中的暴脹突然停止了，暴脹場的能量轉化成了粒子的能量，又形成了各種物質、星系、生命、太陽、地球、我和你。

　　還有一種平行宇宙說是時間上無限循環的宇宙。大霹靂到大收縮後，再接著另一個大霹靂，一直推演下去以致無窮。著名物理學家兼數學家潘洛斯（Roger Penrose）便有一個奇特的無限循環理論。有的平行宇宙說還想像各個平行宇宙之間可以透過黑洞或蟲洞互相穿來穿去，無奇不有。總之，許多假想的多宇宙模型，永遠不可測量、不可證偽，已經和科幻沒有區別。那麼，這一切就留待小說家們去想像、馳騁吧。

參考文獻

[01] ABBOTT B P, et al. Observation of Gravitational Waves from a Binary Black Hole Merger[J]. Physical Review Lett., 2016, 116: 061102.

[02] HULSE R A, TAYLOR J H. Discovery of a pulsar in a binary system [J]. Astrophysical Journal, 1975, 195: L51-L53.

[03] OVERBYE, DENNIS. Detection of Waves in Space Buttresses Landmark Theory of Big Bang[J]. New York Times, 2014, 3: 17.

[04] BRYSON B. A Short History of Nearly Everything[M]. New York: Broadway Books, 2004, 123-148.

[05] GRUPEN C.Astroparticle Physics[M]. New York: Springer, 2006.

[06] 張天蓉·上帝如何設計世界 —— 愛因斯坦的困惑 [M]· 北京：清華大學出版社，2015.

[07] 張天蓉·電子，電子！誰來拯救摩爾定律 [M]· 北京：清華大學出版社，2014.

[08] HARRISON E R.Darkness at Night: A Riddle of the Universe[M]. Cambridge: Harvard University Press, 1987.

[09] Wikipedia.Bentley's paradox[OL]. https://en.wikipedia.org/wiki/Bentley%27s_paradox.

[10] SEELIGER.Newton's Law of gravitation[J].Astronomische Nachrichtungen, 1895(137): 129-136.

[11] FREEMAN J. Dyson.Time without end: Physics and biology in an open universe[J].Reviews of Modern Physics, 1979(51): 129-136.

[12] EINSTEIN A. Näherungsweise Integration der Feldgleichungen der

Gravitation[J].Sitzungsberichte der Königlich Preussischen Akademie der Wissenschaften Berlin, 1916: 688-696.

[13] EINSTEIN A, ROSEN N. On Gravitational Waves[J]. Journal of the Franklin Institute, 1937(223): 43-54.

[14] Wikipedia. Albert Einstein[OL]. https://en.wikipedia.org/wiki/Albert_Einstein.

[15] EINSTEIN A, INFELD L, HOFFMANN B. The Gravitational Equations and the Problem of Motion[J]. Annales of Mathematics, 1938(39): 65-100.

[16] 張之翔·赫茲和電磁波的發現 [OL]· 物理，1989，18(5).http://www.wuli.ac.cn/CN/abstract/abstract28480.shtml.

[17] CASTELVECCHI D. The black-hole collision that reshaped physics[J]. Nature, 2016, 23: 428-431, 531.

[18] HU N.Radiation Damping in the Gravitational Field[J]. Proceedings of the Royal Irish Academy, 1947, 51A: 87-111.

[19] 維基百科·邁克耳孫干涉儀 [OL].https://zh.wikipedia.org/wiki/%E8%BF%88%E5%85%8B%E8%80%B3%E5%AD%99%E5%B9%B2%E6%B6%89%E4%BB%AA.

[20] 大衛·布萊爾，麥克納瑪拉·宇宙之海的漣漪：重力波探測 [M]· 王月瑞，譯·南昌：江西教育出版社，1999.

[21] EINSTEIN A. On a Stationary System With Spherical Symmetry Consisting of Many Gravitating Masses[J].The Annals of Mathematics, Second Series, 1939, 40(4): 922-936.

[22] 劉寄星·彭桓武先生和他的法國學生 [OL].http://www4.newsmth.net/nForum/#!article/TsinghuaCent/299535?au = kittydog.

[23] REITZE D H, ZHANG T R, WOOD W M, et al. Two-photon spectroscopy of silicong using femtosecond pulses at above-gap frequencies [J]. Journal of the Optical Society of America, 1990, B7: 84.

[24] JACOB D. Bekenstein.Black Holes and Entropy[J]. Physical Review D, 1973, 7: 2333.

[25] HAWKING S W. Black hole explosions？[J]. Nature, 1974, 248 (5443): 30-31.

[26] 倫納德‧薩斯坎德‧黑洞戰爭 [M]‧李新洲，等譯，長沙：湖南科技出版社，2010：155-210.

[27] 蓋爾‧E‧克里斯琴森‧星雲世界的水手：哈伯傳 [M]‧何妙福，朱保如，傅承啟，譯‧上海：上海科技教育出版社，2000.

[28] 傅承啟‧宇宙膨脹與宇宙學距離 [J]‧世界科技研究與發展，2005，27(5)：16-20.

[29] WRIGHT N.Frequently Asked Questions in Cosmology[OL]. Retrieved on 2011-05-01.http://www.astro.ucla.edu/~wright/cosmology_faq.html#DN.

[30] ALPHER R A, BETHE H, GAMOW G. The Origin of Chemical Elements[J].Physical Review, 1948, 73 (7): 803-804.

[31] 張天蓉‧世紀幽靈 —— 走近量子糾纏 [M]‧合肥：中國科技大學出版社，2013.

[32] BURBIDGE E M, BURBIDGE G R, FOWLER W A, et al. Synthesis of the Elements in Stars[J]. Reviews of Modern Physics, 1957, 29 (4): 547.

[33] 張天蓉‧愛因斯坦與萬物之理 —— 統一路上人和事 [M]‧北京：清華大學出版社，2016.

[34] PENZIAS A A, WILSON R W. A Measurement of Excess Antenna Temperature at 4080 Mc/s[J]. Astrophysical Journal, 1965, 142: 419-421.

[35] DICKE R H, PEEBLES P J E, ROLL P G, et al. Cosmic Black-Body Radiation[J]. Astrophysical Journal, 1965, 142: 414-419.

[36] GEORGE S, DAVIDSON K.Wrinkles in Time[M]. New York: William Morrow & Company, 1994.

[37] WEINBERG S.The First Three Minutes: A Modern View of the Origin of the Universe[M]. New York: Basic Books, 1977.

[38] HU W, WHITE M. Acoustic Signatures in the Cosmic Microwave Background [J]. Astrophysical Journal, 1996, 471: 30-51.

[39] HU W, WHITE M. The Cosmic Symphony[J].Scientific American, 2004, 290N2: 44.

[40] ANTONY L, SARAH B.Cosmological parameters from CMB and other data: A Monte Carlo approach [J].Physical Review, 2002, D, 66: 10.

[41] Planck Collaboration: P. A. R. Ade, N. Aghanim, Planck 2015 results XIII., Cosmological Parameters[OL]. ArXiv: 1502. 01589, 2015, http://arxiv.org/abs/1502.01589.

[42] DIRAC P A M.Quantised Singularities in the Electromagnetic Field [J]. Proceedings of the Royal Society of London A, 1931, A, 133: 60.

[43] WU T T, YANG C N.Dirac monopole without strings: Monopole harmonics[J]. Nuclear Physics B, 1976, 107: 365-380.

[44] HOOFT G. Magnetic monopoles in unified gauge theories[J]. Nuclear Physics B, 1974, 79 (2): 276-284.

[45] GUTH A. The Inflationary Universe: A Possible Solution To The Horizon And Flatness Problem[J]. Physical Review D, 1981, 23: 347.

宇宙編年史，時間、空間與存在的奧祕：

超級暴脹、黑洞物理、哈伯定律、大霹靂模型……從微觀粒子到浩瀚星系，每一步都是對存在之謎的探求

作　　者：張天蓉

發 行 人：黃振庭

出 版 者：崧燁文化事業有限公司

發 行 者：崧燁文化事業有限公司

E-mail：sonbookservice@gmail.com

粉 絲 頁：https://www.facebook.com/sonbookss/

網　　址：https://sonbook.net/

地　　址：台北市中正區重慶南路一段六十一號八樓 815 室

Rm. 815, 8F., No.61, Sec. 1, Chongqing S. Rd., Zhongzheng Dist., Taipei City 100, Taiwan

電　　話：(02)2370-3310

傳　　真：(02)2388-1990

印　　刷：京峯數位服務有限公司

律師顧問：廣華律師事務所 張珮琦律師

─ 版權聲明 ─

定　　價：420 元

發行日期：2024 年 04 月第一版

◎本書以 POD 印製

Design Assets from Freepik.com

國家圖書館出版品預行編目資料

宇宙編年史，時間、空間與存在的奧祕：超級暴脹、黑洞物理、哈伯定律、大霹靂模型……從微觀粒子到浩瀚星系，每一步都是對存在之謎的探求 / 張天蓉 著 . -- 第一版 . -- 臺北市：崧燁文化事業有限公司，2024.04

面；　公分

POD 版

ISBN 978-626-394-172-4(平裝)

1.CST: 宇宙 2.CST: 天文學

323.9　　113003883

電子書購買

臉書

爽讀 APP